21世纪高等学校计算机科学与技术规划教材

Java Web 应用开发教程

徐建波　王　颖　念其锋　编　著

北京邮电大学出版社
·北京·

内 容 简 介

本书全面介绍了如何使用 Java Web 中的流行技术开发 Web 应用程序,书中对 JSP+JavaBeans 和 JSP+Servlet+JavaBeans 这两种解决方案进行了详细介绍。本书由多年来使用 Java 技术从事项目开发和讲授 Web 编程课程的资深教师编写,讲解细腻,内容实用。

全书共分 12 章。第 1 章为 Web 基本概念,讲解计算机网络基础、TCP/IP 协议簇、超文本传输协议;第 2 章为 Java 基础,讲解 Java 基础语法、Java 面向对象基础、方法重载和构造方法;第 3～第 5 章分别讲解 Java 的多线程机制及网络程序设计、简单的静态 Web 文档、JavaScript 基础;第 6～第 8 章分别讲解 Web 网站设计准则、JSP 基础、JSP 内置对象;第 9～第 11 章分别讲解数据库访问技术 JDBC、模式 1:JSP + JavaBeans 开发模式、模式 2:JSP + Servlet + JavaBeans 开发模式;第 12 章为软件框架 Struts 2,讲解搭建 Struts 2 开发环境、Struts 2 框架核心。

本书讲解深入、细致,具有很强的针对性和实用性,可作为本科计算机科学与技术专业、软件工程专业、网络工程专业、信息安全专业、物联网工程专业,以及高职高专计算机软件专业、电子商务专业和经济管理专业等的课程教材。

图书在版编目(CIP)数据

Java Web 应用开发教程/徐建波,王颖,念其锋编著.-- 北京:北京邮电大学出版社,2015.3
ISBN 978-7-5635-4273-4

Ⅰ.①J… Ⅱ.①徐… ②王… ③念… Ⅲ.①JAVA 语言—程序设计—教材 Ⅳ.①TP312

中国版本图书馆 CIP 数据核字(2014)第 304420 号

书　　名	Java Web 应用开发教程
编 著 者	徐建波　王　颖　念其锋
责任编辑	张保林
出版发行	北京邮电大学出版社
社　　址	北京市海淀区西土城路 10 号(100876)
电话传真	010-82333010　62282185(发行部)　010-82333009　62283578(传真)
网　　址	www.buptpress3.com
电子信箱	ctrd@buptpress.com
经　　销	各地新华书店
印　　刷	北京泽宇印刷有限公司
开　　本	787 mm×1 092 mm　1/16
印　　张	15.5
字　　数	385 千字
版　　次	2015 年 3 月第 1 版　2015 年 3 月第 1 次印刷

ISBN 978-7-5635-4273-4　　　　　　　　　　　　　　　　　　　　定价:36.00 元

如有质量问题请与发行部联系

版权所有　侵权必究

前 言

2014年快要过去了，Internet网络和Web应用开发技术的发展速度却比以往任何时候都快。20年前，原本用于开发消费类电子产品商业目标的Java语言意外地在互联网上找到了用武之地，从此一发不可收拾，促使使用Java技术开发PC终端Web应用的狂潮席卷了全球。随着Java Web技术的发展，一个前所未有的、全新的Web世界已经出现在人们面前。我们已经看到，全世界无论是跨国公司还是大中小企业，出于市场竞争、减少成本和进一步提高生产效率的目的，纷纷把企业的业务与互联网联系起来，构建起Internet上的企业级Web应用。在此平台上，一方面可以让世界各地的客户通过Internet浏览和查询企业的业务信息，另一方面也可以建设电子商务，直接在Internet上开展企业到企业（B2B）、企业到客户（B2C）等商业应用。近两年，越来越多的人拥有苹果手机或Android手机，这种智能手机终端的大量普及使移动Web得以迅速发展，或许不久的将来，基于移动的Web应用最终会超越PC桌面端的Web应用，而Java刚好是Android开发的主要语言，在当前蓬勃发展的移动开发市场中，Java变得更加炙手可热了。

市场的火爆使掌握了开发Web应用技术的大学毕业生在求职市场中十分抢手，社会上有关Web开发技术的培训机构也风起云涌。有的学生毕业时为了谋得高薪职位，不惜花费上万元培训费，用4至5个月的时间到社会培训机构参加Web开发技术培训。这其中，以Java Web应用开发技术培训项目最为火爆。

为适应市场需求和掌握Web应用开发技术，湖南科技大学计算机科学与工程学院在高年级大学生中不失时机地开设了Web编程的课程。多年的教学实践证明，该课程不仅深受计算机专业学生们的欢迎，而且还吸引了大量相关和相近专业的学生的学习。然而，每一次当我们为学生选购本门课程的教材时，情况却不尽如人意。由于本书课程内容涉及HTML、CSS、JavaScript、Java、JavaBeans、Servlet、JDBC、JSP等诸多内容，我们发现需要购买三本、四本甚至更多的书才能满足本门课程的教学需要。为此，在过去几年中，我们不得不自编讲义来解决这个棘手的问题。我们相信其他兄弟院校肯定也遇到了同样的问题。因此，尽快为高年级本科生编写一本能系统地介绍Java Web开发原理与技术的专用教材成为本门课程授课的当务之急。

当今，在Web应用开发行业中，任何一个有多年从业经验的开发者都知道，这个行业的发展实在太迅速了，每月总有新的框架、产品或技术方法诞生，所以，撰写像本书这种专业书籍最难处理的应该是内容取舍问题。在教材非常有限的篇幅和不断被挤压的专业课时情况下，应该将哪些最为重要、最为实用的内容传授给学生，以及如何把握Web应用开发技术的主流和发展方向，这是长期困扰作者的问题，也是值得我们认真思考的问题。

我们认为在大学课堂里，最重要的是在把握技术发展主流前提下，把核心技术的基本原理、基本技术和相关关系讲清楚、理清楚。我们不应该把它写成简单的培训教材，更不应该写成技术手册。我们应该充分考虑技术驱动和市场驱动两个因素，把能够为企业提供 Internet/Intranet 一揽子解决方案的 Java Web 技术作为一条主线来组织本书的内容。这种方式在国外十分流行，这一观点也得到省内同行和专家们的认可。根据这一思想，作者结合多年来使用 Java 技术从事科研工作及讲授该门课程的 5 年教学经验撰写了本书。

本书分为 3 部分，共计 12 章。下面对每一部分作个简要的介绍。

第 1 部分：Java Web 技术基础（第 1～第 3 章）。Internet 是 Web 应用的底层通信基础，只有先理解了 Internet 网络通信原理，才能开发出专业级的网络通信程序，才能理解 B/S 计算模式的工作原理。在这一部分中，我们首先介绍了 TCP/IP 协议栈的体系结构，着重介绍了 Web 的通信协议 HTTP。接着我们介绍了 Java 面向对象的程序设计语言。Java 天生就是为 Internet 服务的编程语言，尽管 Java 像 C/C++一样，是一种通用的程序设计语言，其功能也十分强大，但我们有选择性地只介绍了与开发 Java Web 应用相关的内容，如多线程、I/O 技术及 C/S 网络编程等内容。

第 2 部分：静态网页制作技术（第 4～第 6 章）。静态网页制作技术包括 HTML/CSS 及在客户端的浏览器里解释执行的 JavaScript 语言。在客户端开发方面，JavaScript 让开发者可以创建十分复杂的交互功能，Web 开发社区有上千种框架和工具都是基于 JavaScript 的，其技术日趋重要。在 Web 网站设计准则这一章中，从软件工程的观点阐述了作为一名专业级的开发人员如何来思考大型网站的建设。

第 3 部分：企业 Java Web 应用开发技术（第 7～第 12 章）。包括开发企业级 Java Web 应用的基本原理与基本技术，内容涵盖用 JSP 实现动态网页制作技术，用 JSP 和 JDBC 访问后台数据库等。重点介绍 JSP+JavaBeans 和 JSP+JavaBeans+Servlet 两个 Web 应用的开发模式，因为这两种开发模式是目前流行的各种软件框架（如 Struts 2）的基础。

本书以作者多年的讲义为写作基础，其中，由徐建波教授、王颖博士、念其锋博士撰写和修改全部的章节。

由于作者水平有限加上时间紧迫，书中难免存在一些错误和疏漏之处，殷切希望读者批评指正。作者的电子邮件地址：jbxu@hnust.edu.cn。

编　者
2014 年 11 月

目　　录

第 1 章　Web 基本概念 1

　1.1　计算机网络基础 1

　　1.1.1　Internet、Intranet 与 Web 网的概念 1

　　1.1.2　Web 的特点 3

　1.2　TCP/IP 协议簇 5

　　1.2.1　TCP/IP 协议的层次结构和作用 5

　　1.2.2　Internet 网络寻址 7

　　1.2.3　URL 8

　1.3　超文本传输协议（HTTP） 9

　1.4　Web 应用开发技术概述 10

第 2 章　Java 基础 12

　2.1　Java 简介 12

　　2.1.1　Java 的起源 12

　　2.1.2　Java 的特点 13

　2.2　Java 开发环境 15

　　2.2.1　Java 平台 15

　　2.2.2　开发环境的搭建 17

　　2.2.3　编写一个简单的 Java 应用程序 Application 19

　2.3　Java 基础语法 21

　　2.3.1　标识符与关键字 21

　　2.3.2　常量与变量 22

　　2.3.3　运算符及其优先级 25

　　2.3.4　程序的流程控制 26

　　2.3.5　Java 程序的基本结构 29

　2.4　Java 面向对象基础 30

　　2.4.1　对象、类和封装性 30

　　2.4.2　方法重载和构造方法 31

2.4.3 继承 ………………………………………………………………………… 33
2.4.4 多态性——接口 ……………………………………………………… 33
2.4.5 包与类路径 …………………………………………………………… 34
2.4.6 异常 …………………………………………………………………… 35
2.5 Java 的 I/O 操作 …………………………………………………………… 38
2.5.1 File 类 ………………………………………………………………… 38
2.5.2 Java 流操作 …………………………………………………………… 40

第 3 章 Java 的多线程机制及网络程序设计 ……………………………………… 45

3.1 Java 的多线程机制 ………………………………………………………… 45
3.1.1 什么是多线程机制 …………………………………………………… 45
3.1.2 Java 多线程机制的实现 ……………………………………………… 46
3.1.3 线程的竞争与同步 …………………………………………………… 47
3.1.4 Thread 类介绍 ………………………………………………………… 50
3.1.5 线程的生命周期 ……………………………………………………… 51
3.2 Java 网络程序设计 ………………………………………………………… 52
3.2.1 Java 网络程序设计概述 ……………………………………………… 53
3.2.2 Java.net 包 …………………………………………………………… 54
3.2.3 使用 URL 类完成基于 TCP 协议的通信应用 ……………………… 55
3.2.4 基于 Socket(套接字)的低层次 Java 网络编程 …………………… 57
3.2.5 服务器程序的编写 …………………………………………………… 59
3.2.6 客户端程序的编写 …………………………………………………… 63

第 4 章 简单的静态 Web 文档(HTML/CSS) ……………………………………… 66

4.1 HTML 语言 ………………………………………………………………… 66
4.1.1 用 HTML 创建一个简单的 Web 网页文件 ………………………… 66
4.1.2 使用 Dreamweaver 编写 HTML 文件 ……………………………… 69
4.1.3 HTML 的段落级标记元素 …………………………………………… 71
4.1.4 HTML 的文本级标记元素 …………………………………………… 73
4.1.5 表格制作 ……………………………………………………………… 75
4.1.6 框架(FRAME) ……………………………………………………… 75
4.2 CSS 样式表 ………………………………………………………………… 77
4.2.1 CSS 简介 ……………………………………………………………… 77
4.2.2 CSS 定义 ……………………………………………………………… 77
4.2.3 CSS 属性 ……………………………………………………………… 78
4.2.4 应用 CSS 样式的 4 种方式 …………………………………………… 79
4.2.5 CSS 布局理念 ………………………………………………………… 82
4.3 HTML5 概述 ……………………………………………………………… 86
4.3.1 HTML5 简介 ………………………………………………………… 86

4.3.2　HTML 5 新元素 ································ 87
　4.3.3　创建简单的 HTML5 页面 ···················· 89

第 5 章　JavaScript 基础 ································ 91
5.1　JavaScript 简介 ···································· 91
5.2　第一个 JavaScript 程序 ·························· 92
5.3　JavaScript 基本语法 ······························ 93
　5.3.1　在 HTML 文档中调入或嵌入 JavaScript ···· 93
　5.3.2　JavaScript 书写格式 ···························· 94
　5.3.3　基本数据类型 ···································· 94
　5.3.4　函数 ·· 95
　5.3.5　JaveScript 的事件 ································ 95
5.4　JaveScript 对象 ···································· 97
　5.4.1　JavaScript 内置对象 ···························· 97
　5.4.2　Window 对象 ···································· 101
　5.4.3　document 对象 ·································· 102
　5.4.4　JavaScript 自定义对象 ························ 108
5.5　JQuery 概述 ·· 108
　5.5.1　JQuery 简介 ······································ 108
　5.5.2　JQuery 的安装 ···································· 109
　5.5.3　第一个 JQuery 文档 ···························· 109
　5.5.4　JQuery 语法 ······································ 110

第 6 章　Web 网站设计准则 ···························· 111
6.1　定义网站的目标 ···································· 111
6.2　概要设计 ··· 114
6.3　网站功能设计 ······································ 116
6.4　网站结构设计 ······································ 117
6.5　网站的可视化设计 ································ 120
6.6　实施一项网站建设工程的一般步骤总结 ····· 122

第 7 章　JSP 基础 ·· 124
7.1　JSP 概述 ··· 124
　7.1.1　JSP 页面结构 ······································ 124
　7.1.2　JSP 程序的运行机制 ···························· 126
7.2　Java Web 开发环境及开发工具 ················ 127
　7.2.1　JDK 的下载与安装 ······························ 127
　7.2.2　Tomcat 服务器的安装与配置 ················ 127
　7.2.3　Java Web 应用程序的目录结构 ············· 129
7.3　JSP 基本语法 ······································· 130

7.3.1 JSP 脚本元素 …… 130
7.3.2 JSP 指令元素 …… 132
7.3.3 JSP 动作元素 …… 135

第 8 章 JSP 内置对象 …… 140

8.1 JSP 内置对象概述 …… 140
8.2 request 对象 …… 141
8.3 response 对象 …… 145
8.4 session 对象 …… 146
8.5 application 对象 …… 149
8.6 out 对象 …… 150
8.7 exception 对象 …… 151
8.8 JSP 其他内置对象 …… 152
    8.8.1 page 与 config 对象 …… 152
    8.8.2 pageContext 对象 …… 152

第 9 章 数据库访问技术 JDBC …… 154

9.1 JDBC 简介 …… 154
9.2 JDBC 驱动程序 …… 155
9.3 JDBC API 主要接口 …… 157
9.4 连接数据库的基本过程 …… 157
9.5 JDBC 在 JSP 中的应用 …… 160
    9.5.1 MySQL 数据库及数据表的建立 …… 160
    9.5.2 JSP 访问数据库程序设计 …… 161

第 10 章 模式 1：JSP＋JavaBeans 开发模式 …… 168

10.1 JavaBeans 简介 …… 168
10.2 JavaBean 的设计 …… 168
    10.2.1 一个简单的 JavaBean 例子 …… 168
    10.2.2 编写 JavaBean …… 169
10.3 在 JSP 中使用 JavaBeans …… 170
    10.3.1 声明 JavaBean 对象 …… 170
    10.3.2 设置 JavaBean 属性值 …… 171
    10.3.3 获取 JavaBean 属性值 …… 171
    10.3.4 JavaBeans 应用举例 …… 171
10.4 模式 1：JSP ＋ JavaBeans 开发模式 …… 173
    10.4.1 JSP ＋ JavaBeans 开发模式简介 …… 173
    10.4.2 JSP ＋ JavaBeans 应用 …… 174
    10.4.3 JSP＋JavaBeans＋JDBC 应用 …… 177

第11章 模式2：JSP＋Servlet＋JavaBeans 开发模式 ... 186

11.1 Servlet 技术 ... 186
11.1.1 Servlet 简介 ... 186
11.1.2 Servlet 编程接口 ... 187
11.1.3 Servlet 编写与配置 ... 187

11.2 Servlet 过滤器 ... 191
11.2.1 Servlet 过滤器简介 ... 191
11.2.2 过滤器的创建与配置 ... 191

11.3 MVC 模式 ... 192

11.4 模式2：JSP＋Servlet＋JavaBeans 开发模式 ... 194
11.4.1 模式2简介 ... 194
11.4.2 JSP＋Servlet＋JavaBeans 开发应用 ... 195

第12章 软件框架 Struts 2 ... 211

12.1 Struts 2 简介 ... 211

12.2 搭建 Struts 2 开发环境 ... 212
12.2.1 MyEclipse 集成开发工具的安装与配置 ... 213
12.2.2 搭建 Struts 2 开发环境 ... 214
12.2.3 Struts 2 的 HelloWorld 程序 ... 215

12.3 Struts 2 框架核心 ... 219
12.3.1 核心控制器 ... 219
12.3.2 业务控制器 Action ... 221
12.3.3 Struts 2 标签 ... 227
12.3.4 Struts 2 输入校验 ... 230

12.4 Struts 2 应用 ... 233

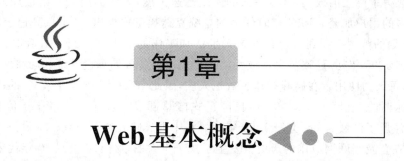

第1章 Web基本概念

今天,我们生活在一个互联网(Internet)、大数据(Big Data)、云计算(Cloud Computing)等科技不断发展的时代,Internet 在现实生活中的应用可谓日新月异。在 Internet 上,人们可以开展新闻阅读、查阅资料、聊天、可视电话、玩游戏、电子商务、电子政务、在线购物、企业信息管理、远程监控等活动。Internet 正在通过这些所谓的"Web 服务"潜移默化地改变着人们的工作和生活习惯,并已经成为我们生活必不可少的一部分。

作为一名程序员,除了享受这些服务给工作和生活带来的效率便利,我们更要问自己:"实现这些 Web 服务的应用程序是如何设计和编写的呢?"在研究和解决这个问题之前,我们应该先了解 Internet 和 Web 的基础概念。

1.1 计算机网络基础

1.1.1 Internet、Intranet 与 Web 网的概念

Internet 是一个由位于世界不同地方的众多计算机网络和网络设备互联而成,这些网络一般都遵循一组开放的通信协议(TCP/IP 协议),形成逻辑上单一巨大的国际网络。这种将计算机网络互相连接在一起的方法可称作"网络互联",在这基础上发展出覆盖全世界的全球性互联网络就称为 Internet。

Internet 起源于美国的 ARPANET。1973 年,美国国防部开始了一项高级研究计划 ARPA,目的是建立一个连接全美的计算机网络,以便实现在核战争的条件下,当普通的通信网络失效时,这个网络能全面替代其通信功能。于是就有了一个贯通美国本土和北美地区的计算机网络 ARPANET。最初的 ARPANET 将美国西南部的大学 UCLA(加利福尼亚大学洛杉矶分校)、Stanford Research Institute(斯坦福大学研究学院)、UCSB(加利福尼亚大学)和 University of Utah(犹他州大学)的四台主要的计算机连接起来并取得成功。随后连入 ARPANET 的计算机迅速超过几千台。在此之后,一个庞大的研究计划 HPCCI(高性能计算和通信

计划)又被提上日程。HPCCI的目标是连接更多的网络,将ARPANET从单纯的军事用途转为民用,为美国的经济、文化、教育等各方面提供一个传递信息的硬件环境。ARPANET以其优越的性能取得了巨大的成功,并以惊人的速度迅速扩展,大量的商业网络也加入其中,这样又吸引了更多的用户加盟。1994年时任美国总统克林顿正式提出了"信息高速公路"的设想,将HPCCI计划的范围扩大到一切有美国人生活和工作的地方,包括公司、政府部门、大中小学和家庭。到1995年初,已逐步发展成为将世界范围内各种计算机系统和局域网连接在一起的"互联网",每天的使用者在高峰时超过数亿人次,因此,它具有"国际互联网"的概念,也就是今天用中文称谓的"互联网"。1990年我国正式向总部设在美国的Internet信息管理中心(Inter NIC)注册了区域名cn,并于1994年开始在中国大陆开通了Internet服务。

　　1989年在普及互联网应用的历史上发生了一个重大的事件:20世纪80年代末期,当时在Internet上只能传输文字信息,而科学研究中其他的许多宝贵信息,如图像、声音和视频等都不能在网络中传送,这无疑是一个极大的缺陷。为了改变这一现状,欧洲原子核研究委员会的科学家Tim Berners-Lee于1989年3月提出了一个研究计划,该计划提出要建立一个跨国界的大型信息媒介全球广域网的设想。根据这一设想,不同国家和地区计算机中的信息资源通过所谓"Web网"连接起来,全世界的用户通过所谓"Web浏览器"就能查找、访问、共享这些资源。为了使网络能同时传送文字和图片信息,汤姆·李提出了超文本(Hyper Text)概念并同时创造出一种语言,这种语言被命名为超文本标记语言(Hyper Text Markup Language,HTML)。现在HTML已经成为创建"Web网页"的标准语言。为了避免在Web网络上传送的信息相互"撞车",Tim Berners-Lee还提出了传输"超文本标记语言"的通信协议,也就是著名的超文本传输协议HTTP(Hypertext Transport Protocol)。之后,把凡是在应用层使用的是HTTP协议的信息网络都称之为"万维网"(World Wide Web,WWW),行业内也称为"Web网"或干脆称为"Web"。值得一提的是,Internet并不等同Web网,Web网只是一建基于超文本相互链接而成的全球性信息系统,是Internet所能提供的服务中的其中一项最主要的服务。

　　真正使Internet走进千家万户的是一位来自美国加利福尼亚州的大学生——马克·安德森,他25岁时在伊里诺斯州大学国家超级计算机应用中心开发出了Internet上的浏览器程序Mosaic。Mosaic解决了远程通信中的文字显示、数据链接以及图像传递等问题。Mosaic浏览器的设计用生动直观的图形界面取代了基于UNIX操作系统的字符界面,也就是说用户只要用鼠标点击窗口中的图标,就可以轻而易举地到Internet上去"遨游"了。由于Mosaic的使用,使得Internet的上网人数一下子剧增几十倍。1994年12月,马克·安德森等创建了Netscape公司,他们在Mosaic基础上推出的新一代浏览器Netscape,并取得巨大成功。马克·安德森本人在两年多一点的时间内从一文不名一跃变成个人财产数亿美元的"网络新贵"。后来微软公司也开发出另一个著名的浏览器IE(Internet Explorer),并凭借Windows操作系统在微机上占有的绝对优势,以捆绑销售的方式鲸吞了大部分Netscape原有的市场份额。

　　Web网从一个实验室的概念发展到今天,已经对经济、社会和政治等产生巨大的推动力。在1990年,大多数人仍旧必须亲自到图书馆或书店获取他们寻找的信息,或者等待这些信息通过报纸或电视媒体传送到他们的家中或公司中。现在,读者在办公室或在家里可以简单地打开自己的计算机,在几分钟内就能找到自己感兴趣主题的任意信息。这种既经济又容易使用的信息访问方法已经渗透到企业之中,并且成为把信息展现给他们的雇员、顾客和业务同伴的主要方法之一。所以,通过这种基于 Web 网的通信媒介发布信息和获取信息不可避免地成为开发企业 Web 应用的迫切需求。

可以把 Web 看成是世界上最大的电子信息仓库。换言之,Web 就是存储在 Internet 上的计算机中数以千万计、彼此关联的文档集合。用户通过浏览器软件可以随意访问 Web 站点,从而浏览 Web 文档中包含的文本、图像、视频和音频等信息。Web 实际上是一种全球性的资源系统,而 Internet 是它的通信基础设施,也就是说,可以把 Web 看成一种由某些软件和位于 Internet 上层、相互链接的大量文档所构成的系统。从技术上看,Web 又是一个基于超文本方式的信息组织和检索工具。因此,从浏览 Web 网页的角度来看 Internet,人们又习惯把 Internet 网称为"Web 网"。

Web 的一般定义是:Web 是分布在全世界的、基于 HTTP 通信协议的、存储在 Web 服务器中的所有互相链接的超文本集。它采用客户/服务计算模式。Web 服务器端存放 Web 文档组织的各种信息;客户端通过浏览器软件(如 IE)浏览这些信息资源。这里,基于 HTTP 通信协议的服务器称为"Web 服务器",Web 服务器中存放的类似于用 HTML 语言组织的各种信息称为"Web 文档"。

作为世界上最大、最著名的互联网络,Internet 把 200 多个国家中成千上万个计算机网络连接在一起。人们在如此庞大、复杂的互联网上浏览信息却丝毫不会感到非常困难,这得益于 Internet 体系结构的巧妙设计和 Web 资源的合理组织,而这些复杂的设计和组织对一般的 Internet 用户而言是完全透明的。

20 世纪 90 年代后半期,出现了一个与 Internet 相似却是崭新的名词 Intranet。

Intranet 称为内联网,或称为企业内部网。是一个与使用 Internet 同样技术的计算机网络,它通常建立在一个企业或组织的内部并为其成员提供信息的共享和交流等服务,例如 Web 服务,文件传输,电子邮件等。它是 Internet 技术在企业内部的应用,它的核心技术是基于 Web 的计算。

Intranet 的基本思想是:在内部网络上采用 TCP/IP 作为通信协议,利用 Internet 的 Web 服务作为标准信息平台,同时建立防火墙把内部网和 Internet 分开。当然 Intranet 并非一定要和 Internet 连接在一起,它完全可以自成一体,与 Internet 物理隔离而作为一个独立的计算机网络。习惯上,我们把 Internet 俗称为"外网",Intranet 俗称为"内网"。

企业通过建设 Intranet,可以在自己的 Intranet 上发布生产计划、员工技术手册和财务报表等,而这些信息不会发布到企业之外的 Internet 上。总之,在企业 Intranet 中,用户可以使用与 Internet 中相同的工具,Intranet 与 Internet 的区别在于后者是全球互联网络,前者属于企业内部网络,外来用户不能对 Intranet 进行任何访问。

1.1.2 Web 的特点

1. Web 是一种分布式超媒体系统

超媒体(hypermedia)系统是超文本(hypertext)系统的扩充。一个超文本由多个信息源链接而成,而这些信息源的数目实际上是不受限制的。超媒体与超文本的区别是文档内容不同。超文本文档仅包含文本信息,而超媒体文档则包含其他多媒体的信息,如图形、图像、声音、动画以及视频信息。

Web 的一个主要的概念就是超文本链接，它使得文本不再像一本书一样是固定的线性的，而是可以从一个位置跳到另外的位置从而可以获取更多的信息。想要了解某一个主题的内容只要在这个主题上单击一下，就可以跳转到包含这一主题的 Web 文档上。

分布式和非分布式的超媒体有很大区别。在非分布式系统中，各种信息都驻留在单台计算机中，由于各种 Web 文档都可从本地获得，这些文档之间的链接可进行一致性检查，因此一个非分布式超媒体系统能够保证所有的链接都是有效和一致的。

Web 是一种分布式超媒体系统，它将大量信息分布在整个 Internet 的许多 Web 服务器上，每台 Web 服务器上的 Web 文档都独立进行管理，对这些文档的增加、修改、删除或重新命名都不需要通知其他节点（实际上也不可能通知到 Internet 上成千上万的节点）。因此，Web 文档之间的链接就经常会不一致，如计算机 A 上的文档 X 本来包含了一个指向计算机 B 上的文档 Y 的链接。若计算机 B 的管理员在某日删除了文档 Y，那么计算机 A 中的上述链接显然就无效了。

大量的图形、音频和视频信息会占用相当大的磁盘空间，我们甚至无法预知信息的多少。对于 Web 没有必要把所有信息都放在一台服务器上，信息可以放在不同的站点上，只需要在浏览器中指明这个站点就可以了。在物理上并不一定在一个站点的信息在逻辑上一体化，从用户来看这些信息是一体的。

2．Web 是多媒体化的和易于导航的

Web 非常流行的一个很重要的原因，就在于它可以在一页上同时显示色彩丰富的图形和文本的性能。在 Web 之前 Internet 上的信息只有文本形式，Web 可以提供将图形、音频、视频信息集合于一体的特性。同时，Web 是非常易于导航的，只需要从一个链接跳到另一个链接，就可以在各网页、各站点之间进行浏览了。

3．Web 与平台无关

无论你的操作系统平台是什么，你都可以通过 Internet 访问 Web。无论从 Windows 平台、UNIX 平台、Macintosh 还是别的什么操作系统平台，我们都可以访问 Web 资源。访问 Web 是借助客户端软件"浏览器"(browser)的操作来实现的。典型的浏览器如 Netscape 的 Navigator、NCSA 的 Mosaic、Microsoft 的 Internet Explorer 等。

4．Web 是动态的

信息的提供者可以经常的对 Web 服务器上的信息进行更新。如某个协议的发展状况，公司的广告等等。一般各信息站点都尽量保证信息的时间性，所以 Web 服务器上的信息是动态的、经常更新的，这一点是由信息的提供者保证。

5．Web 是交互的

Web 的交互性首先表现在它的链接上，用户的浏览顺序和所到站点完全由他自己的操作决定。另外，本书后面我们会了解到，通过"FORM 表单"形式可以从服务器方获得动态的信息。用户通过浏览器填写 FORM 表单就可以向 Web 服务器提交请求，服务器可以根据用户的请求返回相应信息。

1.2 TCP/IP 协议簇

要掌握 Web 程序设计，我们不能不先了解 Web 的底层通信基础——TCP/IP 协议簇。从概念上讲，Internet 是由多个网络互联而成的一个庞大的网络集合。在组织结构上，Internet 是由称为路由器(Router)的网络设备将各种子网(局域网或规模较小的广域网)连接起来的广域网，而局域网一般由交换机(Switch)或集线器(Hub)将计算机连接构成。通常，各种各样的计算机，如智能手机、PC、UNIX 工作站、大中型计算机等在 Internet 上都称为主机，各种主机都可以接入各种计算机局域网，而路由器将各种局域网、广域网连接至 Internet，Internet 上的计算机都遵循统一的 TCP/IP 通信协议。

TCP/IP 是 Transmission Control Protocol/Internet Protocol 的简写，是 Internet 最基本的协议，由网络层的 IP 协议和传输层的 TCP 协议组成。由于 TCP/IP 的开放性，使得众多的能遵守 TCP/IP 通信协议的网络都能加入到 Internet 中，成为 Internet 上的一部分。

1.2.1 TCP/IP 协议的层次结构和作用

不同的计算机会有不同的操作系统和硬件，但操作系统之间的数据格式并不一定兼容。为了解决这一问题，专家们为计算机制订出一套通信协议，以定义如何在不同种类和相同种类的计算机之间进行通信。

协议是网络上的计算机为了交换数据所必须遵守的通信规程及消息格式的集合。当两台或者更多的计算机连接在一起时，从一台计算机发送到另一台计算机的数据必须封装成消息包，该消息包的数据格式经过协议定义描述。通信规程描述了当出现通信错误时消息是如何控制的，以及如何处理错误消息。在每个计算机网络中，都必须有一套统一的通信协议，否则计算机之间无法进行正确的通信。

TCP/IP 协议是 Internet 最底层的核心通信协议。1980 年，TCP/IP 被加入到 UNIX 内核中，成为 UNIX 标准的通信模块。这样，随着 UNIX 操作系统的流行，TCP/IP 得以迅速发展和不断完善。以后，TCP/IP 进入商业领域，支持不同厂商、不同机型、不同网络的互联通信，成为目前最流行的、开放的工业标准。TCP/IP 是一组协议的代名词，它包含的许多协议组成了 TCP/IP 协议簇。

TCP/IP 定义了电子设备如何连入 Internet，以及数据如何在它们之间传输的标准。协议采用了层级结构，每一层都呼叫它的下一层所提供的协议来完成自己的需求。通俗而言：TCP 负责发现传输的问题，一旦有问题就发出信号，要求重新传输，直到所有数据安全正确地传输到目的地；而 IP 是给 Internet 的每一台联网设备规定一个全球唯一的地址。

TCP/IP 协议采用 4 层体系结构，包括网络接口层、网络层(IP 层)、传输层(TCP 层)和应用层，每一层都实现特定的网络功能。这种层次结构系统遵循着对等实体通信原则，即 Internet 上两台主机之间传送数据时，都以使用相同功能进行通信为前提，这也是 Internet 上主机之间地位平等的一个体现。

TCP/IP 网络模型的 4 层结构,如图 1.1 所示。

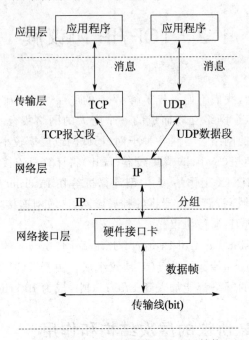

图 1.1 TCP/IP 网络模型的 4 层结构

TCP/IP 协议簇各层实现的具体功能和作用如下。

1) 网络接口层

该层与 OSI 参考模型中的物理层和数据链路层相对应。事实上,TCP/IP 本身并未定义该层的协议,而由参与互连的各网络使用自己的物理层和数据链路层协议,它负责将 IP 分组封装成适合在具体的物理网上传输的帧。常见的数据链路层协议有:Ethernet 802.3、Token Ring 802.5、X.25、Frame relay、HDLC、PPP 等。

2) 网络层

网络层解决网络互连中的 IP 分组的寻址问题。

网络层包括:IP(Internet Protocol)协议、ICMP(Internet Control Message Protocol)、控制报文协议、ARP(Address Resolution Protocol)地址转换协议、RARP(Reverse ARP)反向地址转换协议。IP 是网络层的核心,IP 层接收由更低层(网络接口层,例如以太网设备驱动程序)发来的数据包,并把该数据包发送到更高层——TCP 或 UDP 层;相反,IP 层也把从 TCP 或 UDP 层接收来的数据包传送到更低层。IP 数据包是不可靠的,因为 IP 并没有做任何事情来确认数据包是否按顺序发送或者有没有被破坏,IP 数据包中含有发送它的主机的地址(源地址)和接收它的主机的地址(目的地址)。ICMP 是网络层的补充,可以回送报文。用来检测网络是否通畅。ARP 是正向地址解析协议,通过已知的 IP,寻找对应主机的 MAC 地址。RARP 是反向地址解析协议,通过 MAC 地址确定 IP 地址。

3) 传输层

传输层负责维护信息段的完整性,提供端到端的通信。

传输层协议包括:传输控制协议 TCP(Transmission Control Protocol)和用户数据报协议 UDP(User Datagram Protocol)。TCP 是面向连接的通信协议,通过三次握手建立连接,通信完成时要拆除连接,由于 TCP 是面向连接的,所以只能用于点对点的通信。TCP 提供的是一种可靠的数据流服务,采用"带重传的肯定确认"技术来实现传输的可靠性。TCP 还采用一种称为"滑动窗口"的方式进行流量控制,用以限制发送方的发送速度。UDP 是面向无连接的通信协议,UDP 数据包括目的端口和源端口信息,由于通信不需要连接,所以可以实现广播发送。UDP 通信时不需要接收方确认,属于不可靠的传输,可能会出丢包现象,实际应用中可能要求程序员编程验证。

4)应用层

TCP/IP 协议的应用层提供了网上计算机之间的各种应用服务,如 FTP、TELNET、DNS、SMTP、POP3、HTTP 协议。

FTP(File Transmission Protocol)是文件传输协议,一般提供上传下载 FTP 服务。Telnet 是用户远程登录服务,使用明码传送,保密性差、简单方便。DNS(Domain Name Service)是域名解析服务,提供域名到 IP 地址之间的转换。SMTP(Simple Mail Transfer Protocol)是简单邮件传输协议,用来控制信件的发送、中转。POP3(Post Office Protocol 3)是邮局协议第 3 版本,用于接收邮件。HTTP(Hypertext Transfer Protocol)是负责 Web 通信的超文本传输协议等。

从开发应用程序的角度来看,Internet 上已开发的许许多多的应用程序,一般都是通过 Socket 套接字与上述各种应用协议相结合来完成的。

TCP/IP 由于其开放的环境以及对各种计算机网络的完美连接,使得它已成为一个事实上的工业标准。

1.2.2 Internet 网络寻址

Internet 是一个庞大的网络,在如此大的网络上进行信息交换的基本要求是网上的计算机、路由器等都要有一个唯一"标识地址",就像日常生活中朋友间通信必须写明通信地址一样。这样,网上的路由器才能将数据报由一台计算机路由到另一台计算机,准确地将信息由源方发送到目的方。

在 Internet 上连接的所有计算机,从大型机到微型计算机都是以独立的身份出现,我们称它为主机。为了实现各主机间的通信,每台主机都必须有一个唯一的网络地址。就好像每一个住宅都有唯一的门牌一样,才不至于在传输资料时出现混乱。Internet 的网络地址是指连入 Internet 网络的计算机的地址编号。所以,在 Internet 网络中,网络地址唯一地标识一台计算机。Internet 是由几千万台计算机互相连接而成的。而我们要确认网络上的每一台计算机,靠的就是能唯一标识该计算机的网络地址,这个地址就叫作 IP(Internet Protocol)地址,即用 Internet 协议语言表示的地址。

在 Internet 里,IP 地址是一个 32 位的二进制地址,为了便于记忆,将它们分为 4 组,每组 8 位,由小数点分开,用四个字节来表示,而且,用点分开的每个字节的数值范围是 0~255,如 202.116.0.1,这种书写方法叫作点数表示法。

Internet 的"标识地址"主要涉及 3 个层面:在应用层 Internet 采用便于使用者记忆和应用的"域名",如 www.sina.com.cn;在网络层采用便于管理的"IP 地址",如 211.67.217.28;而在数据链路层则采用便于识别硬件的"MAC 地址",如 00-04-c1-9b-9b-02 等。"网络寻址"

的任务就是如何在这三种地址间正确地进行转换,以使通信双方能够互相正确识别,确保通信的正常进行。

对基于以太网的 IP 组网技术的网络而言,"网络寻址"由"域名解析服务"(DNS)和"地址解析协议"(ARP)来实现:DNS 完成"域名"和"IP 地址"的转换、RAP 完成"IP 地址"和"MAC 地址"的转换,通过两者的结合最终完成"网络寻址",保证 Internet 通信任务的完成。

IP 地址是一种人为的逻辑地址,是网络规划和管理者根据 Internet 管理规范,在网络层给网络上的主机及其他网络设备所作的唯一的网络编号。IP 地址可以根据需要进行配置和变更。IP 地址由 32 位二进制数组成,但通常用"四节点分"十进制数表示,每节十进制数的取值范围为 0 到 254,如 211.67.35.222。IP 地址根据网络的大小分为 A、B、C、D 等几类;各类 IP 地址的不同节,分别表示"网络号"和"主机号"。如对 C 类 IP 地址而言,子网掩码为 255.255.255.0 时,前三节表示"网络号",最后一节表示"主机号",只要网络号相同,便表示这些主机同在一个 IP 网段中,而在同一网段中各工作站的主机号绝不能相同。一个完整的 IP 地址唯一地表示一台主机的"网络地址"。

在 Internet 应用层,为了使网络的使用者方便地记住要访问的 Internet 主机的"地址",则广泛地使用 Internet 域名来标识各主机。Internet 主机域名采用从右到左、用小点分隔的一串有实际代表意义的字符表示,如 www.sina.com.cn;而每一个完整的域名唯一地对应着 Internet 上的一台主机,如域名 www.sina.com.cn 表示新浪网的 Web 服务器。一个域名必对应着一个 IP 地址,但并不是每一个 IP 地址都有一个与之对应的域名,因为并不是每一台计算机都有必要提供别的计算机访问;另外,一个 IP 地址(一台主机)可以对应几个域名,因为一台主机可能提供多种 Internet 服务。

在 Internet 中,DNS 本质上是一个分布式主机信息数据库,如图 1.2 所示。

图 1.2 DNS 域名系统

域名系统数据库是一种类似于 UNIX 文件系统的树状结构。Internet 上的每个 DNS 服务器中包括有整个数据库的一部分信息,并供客户端查询。这样,当某个主机请求通过域名查询 IP 地址时,首先向本地 DNS 服务器查询地址,本地 DNS 再向上级 DNS 服务器查询,逐级查找直到找到指定的目标服务器。当找到该主机地址时,相应的地址信息将会存储在本地域名服务器中,供以后参考。这样当用户下次再查找该主机时,可以直接在本地查到该主机地址。这样将大大缩短查询时间,同时也减轻了根域名服务器的查找负担。

1.2.3 URL

统一资源定位符(Uniform Resource Locator,URL)是对可以从互联网上得到的资源的位置和访问方法的一种简洁的表示,是互联网上标准资源的地址。互联网上的每个文件都有一个唯一的 URL,它包含的信息指出文件的位置以及浏览器应该怎么处理它。

用 HTML 书写的内容称为"Web 文档",它实际上是文本文件,Web 文档经浏览器解释后映射成平常我们所观看的"Web 网页",它以图像的方式表现在屏幕上。URL 是一个用来确定 Web 上某 Web 文档资源地址的字符串。大多数资料都把 URL 称作"Web 地址"。用户只有知道文档的 URL,才能在 Web 网上找到这个文档。我们可以把 URL 与文档之间的关系看成一本书中目录与正文之间的关系。通过书的目录,可以找到书中相应的信息。同样,利用 Web 地址,浏览器就能找到 Web 资源。

当用户访问 Web 网上一个网页,或者其他网络资源的时候,通常用户要首先在浏览器上键入想访问网页的统一资源定位符 URL;这之后,URL 的服务器名部分被名为"域名系统"的分布于全球的域名服务器解析,解析结果是找到对应的 IP 地址;接下来的步骤是向在那个 IP 地址工作的服务器发送一个 HTTP 请求;通常情况下,HTML 文本、图片和构成该网页的一切其他文件很快会被逐一请求并发送回用户。网络浏览器接下来的工作是把 HTML 和其他接受到的文件所描述的内容,加上图像、链接和其他必需的资源,显示给用户。这些就构成了你所看到的"网页"。

分析一下下面的 URL 结构:

http://www.hnust.edu.cn/chinese/index.html

这里,URL 指明采用的传输协议是 HTTP,冒号之后的双斜杠说明后面跟的对象是一个 Web 资源。该资源位于域名为 www.hnust.edu.cn 的 Web 服务器上,并位于该服务器信息发布根目录的子目录/chinese 之下,该资源文档的文件名为 index.html。

1.3 超文本传输协议(HTTP)

HTTP 即超文本传输协议,是专门为 Web 设计的一种网络通信协议,HTTP 位于 TCP/IP 的应用层。客户端浏览器与 Web 服务器在网上进行交互是通过 HTTP 协议进行的。

HTTP 是 Web 的基本通信协议,Web 服务器和浏览器采用 HTTP 协议来传输 Web 文档。Web 文档可以包含图像、图形、音频、视频、超文本等信息。

HTTP 处理事务的 4 个步骤,具体内容如下。

HTTP 在 Internet 上通常采用 TCP 连接。默认使用 80 端口。另外,客户端浏览器与 Web 服务器的这种 TCP 连接仅能处理一次事务。一旦事务处理结束,此次连接马上断开。下面分 4 个步骤描述 HTTP 所定义的一次事务处理。

步骤 1:客户端浏览器与 Web 服务器建立连接。

客户端与服务器交换信息前,首先必须建立 TCP 连接。通信双方的应用程序采用唯一端口号 80,以区别不同的协议。

步骤 2:客户端浏览器向 Web 服务器提出请求,在请求中指明所要求的特定文件。

每一个客户端向 Web 服务器提出的请求均以命令(如 GET 或 POST)开始,后跟 URL。

浏览器一般要在上述信息中补充其所采用的 HTTP 协议版本号（如 HTTP1.0）。命令、URL、HTTP 协议版本号合在一起，就构成了向 Web 服务器提交的请求行消息（request-line）。

步骤 3：Web 服务器响应客户端浏览器的请求。

Web 服务器接收并理解了请求行消息后，便用 HTTP 响应消息应答请求，响应消息通常以 HTTP 版本号开始，后面跟着三位状态码，说明状态的原因短语，最后再加上请求实体，也就是 Web 文档。HTTP 版本号、状态码、原因短语结合在一起构成了状态行消息（status-line），而实体则是客户端真正要求传输的 Web 文档。

步骤 4：客户端浏览器与 Web 服务器断开连接。

当 Web 服务器响应了客户端的请求后，亦就是传输完状态行消息和文档资源之后，将马上断开与客户端的 TCP 连接。无论是服务器还是客户端都要有意外连接断开的处理，以中止当前的事务处理。最后，浏览器解析从 Web 服务器上传输过来的、以 HTML 形式出现的响应内容，并以网页的方式显示在客户端浏览器上。

1.4 Web 应用开发技术概述

在 Web 网上，人们可以开展新闻阅读、查阅资料、聊天、游戏、电子商务、电子政务、企业信息管理、远程监控等应用，这些都称之为"Web 应用"。使用 Web 应用的过程，就是使用浏览器（如 IE）通过网络来访问运行 Web 服务器上的程序的过程。Web 应用指的就是这些网站中的程序。这些程序要么在客户端的浏览器环境中运行，要么在 Web 服务器上运行。我们学习本课程的目的，就是编写这些"Web 应用程序"，或称之为进行"Web 应用"开发。

一个大型的"Web 应用"通常包含大量的文件，用户每次访问 Web 服务器都可能涉及多个文件，可能的文件类型如下。

- 大量的网页文件：主要是为用户展示信息。
- 网页的格式文件：既可以与网页文件放在一起，也可以放在单独的文件中。
- 资源文件：网页中用到的图像、音频、视频等资源。
- 配置文件：声明网页的相关信息，以及所在运行环境的要求等。
- 处理文件：对用户的请求进行处理，或供网页调用，或访问数据库等。

"Web 应用"开发是本课程的基本任务。目前，Web 应用开发的主流技术大体来说分为 3 个流派：Java Web、.NET、PHP。

PHP 是一种解释执行的脚本语言，语法和 C 语言类似，易学易用，不懂电脑的非专业人员稍经学习也能使用 PHP，开发成本低，PHP 适合于快速开发中小型 Web 应用。在国外，使用 LAMP（Linux ＋ Apache ＋ MYSQL＋ PHP）这种免费、开源架构来开发网站非常流行。

微软的.NET 技术采用 Windows Server ＋ IIS ＋ SQL Server ＋ ASP 的架构来开发 Web 应用。微软的.NET 与微软的其他技术一样存在垄断性以及对平台的依赖性。微软的.NET 技术入门比较容易，上手快捷。但由于 Windows 和 SQL Server 价格不菲，整个架构在性能上比起 LAMP 不仅没有什么优势，反而有成本上的劣势，在开发中小型 Web 应用领域，免费的 LAMP 是未来的趋势。

第 1 章　Web 基本概念

Java Web 技术与前两项技术相比，在设计技术、跨平台以及性能上都有优势。从程序设计技术上来说，Java 相比 PHP 有明显的优势，Java 使用的是面向对象的设计方法，而 PHP 还是采用面向过程的开发方法。对于跨平台的大型的企业应用系统来讲，Java 几乎已经成为唯一的选择（微软.NET 不支持跨平台），Java 的理念是"一次编写，到处运行"。Java 的数学计算和数据库访问在性能上都有优势。Java 在应用框架底下的架构（JDK ＋ Tomcat ＋ MYSQL ＋ JSP ＋ JavaBean ＋ Servlet）远胜过其他任何语言，Java 的框架适应大型的协同编程开发，系统可复用性好。Java Web 技术适合于开发大中型 Web 应用。

考虑到市场份额占有量和开源性，本书采用 Java Web 主流技术，Java Web 是用 Java 技术来解决相关 Web 互联网领域问题的技术总和，涉及的内容包括 Java、HTML、CSS、JavaScript、JQuery、Tomcat、JSP、Servlet、JavaBean、JDBC、MYSQL 等技术内容。Java Web 应用开发技术是指以 Java 为中心的一整套技术，它是开源的，且安全稳定，适合作为企业电子商务开发。通过对本课程的学习，读者将理解 Java Web 开发全过程，能编程实现网站建设，本课程内容也为 Web 高级阶段的"框架"学习打下良好的基础。

Java Web 技术的发展经历了如下几个阶段。

(1) CGI、Servlet 技术。

(2) JSP 技术。

(3) 开发模型 1：JSP ＋ JavaBeans。

(4) 开发模型 2：JSP ＋ JavaBeans ＋ Servlet。

(5) 框架。

目前流行的框架有几种，其中，SSH（Struts2 ＋ Spring ＋ Hibernate）是一个典型的 Web 应用程序开源集成框架。开发模型 2：JSP ＋ JavaBeans ＋ Servlet 是理解框架的基础，也是本书介绍的重点内容。

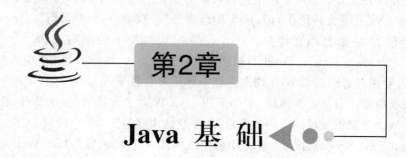

第 2 章 Java 基础

2.1 Java 简介

Java 是一种可以撰写跨平台应用软件的面向对象的程序设计语言,是由 Sun Microsystems 公司于 1995 年 5 月推出的 Java 程序设计语言和 Java 平台(即 Java EE,Java SE,Java ME)的总称。Java 自面世后就非常流行,发展迅速,对 C++语言形成了有力冲击。Java 技术具有卓越的通用性、高效性、平台移植性和安全性,广泛应用于个人 PC、数据中心、游戏控制台、科学超级计算机、移动电话和互联网,同时拥有全球最大的开发者专业社群。在全球云计算和移动互联网的产业环境下,Java 更具备了显著优势和广阔前景。

Java 问世以前,Internet 应用程序只能采用 CGI(Common Gateway Interface)编程。Java 降低了 Internet 应用程序的编写难度。在 Web 世界中有数不清的 Java 应用程序,它们极大地丰富了 Web 网页的效果,使 Internet 世界变得更加丰富多彩。

我们假定读者已经有了 C/C++程序设计的语言基础,考虑到 Java 的语法结构与 C/C++基本相同,本教程只对 Java 语言做简单介绍,并不打算介绍 Java 语言的全部内容,重点只介绍与 Web 编程相关的内容。

2.1.1 Java 的起源

1991 年 4 月,由美国 Sun Microsystems 公司(Sun 公司已被 Oracle 收购)的一个开发小组开始着手"Green 工程"的实施。该工程最初的目标是发展消费类电子产品,计划使用 C、C++来制作一个软件,以实现对家用电器进行集成控制的小型控制装置。后因语言本身和市场的原因,这个技术上非常成功的消费类电子产品在商业上的发展几乎失败,无法达到当初预期的目标。

1994 年,Web 网以极快的速度风靡了整个 Internet。"Green 工程"的开发小组发现,他们为解决编程困难而设计的新型编程语言 Oak 比较适合于 Internet 程序的编写。于是,他们结合Web的需要,对Oak进行了改进和完善,设计出了一种非常适合于编写Web应用程序的语言。在为这种语言选择名称时,开发小组原来要求语言的名称能够表达出语言本身的动画、速度、交互性等方面的特色。然而,出人意料的是,他们经过无数次的激烈讨论,Java在无数的建议中脱颖而出。有趣的是,Java不是几个单词首字母的简单组合,而是从许多程序设计师都钟爱的热腾腾的香浓咖啡中得到的灵感,将这种语言取名为Java,他们认为,这样一个名字更显得充满激情和现代感。这样,Java语言就诞生了。1996年1月SUN公司发布Java(JDK)v1.0,1997年2月SUN公司发布Java(JDK)v1.1,1998年12月SUN公司发布Java(JDK)v1.2,称为Java2。

1999年6月SUN计算机公司发布Java新平台,它包含3个产品。

(1)J2ME(Java 2 Micro Edition),创建嵌入式Java平台。

(2)J2SE(Java 2 Standard Edition),建立桌面与工作站环境的Java平台。

(3)J2EE(Java 2 Enterprise Edition),建立企业级应用的Java平台。

Sun公司对Java编程语言的解释是:Java编程语言是个简单、面向对象、分布式、解释性、健壮、安全与系统无关、可移植、高性能、多线程和动态的语言。从此,Java被广泛接受并推动了Web的迅速发展,常用的浏览器均支持JavaApplet。另一方面,Java技术也不断更新。2010年Oracle公司收购了Sun Microsystems公司。

2.1.2 Java的特点

Java语言是一种面向对象的编程语言,它能比较好地适应Internet编程。Java语言是一种简单的、面向对象的、分布式的、健壮的、安全的、结构中立的、可移植的、高效能的、多线程的和动态的语言。

该定义全面地描述了Java语言的如下基本特征,具体内容如下。

1. 简单性

Java语言的语法与C语言和C++语言很接近,使得大多数程序员很容易学习和使用Java。另一方面,Java丢弃了C++中很少使用的、很难理解的、令人迷惑的那些特性,如操作符重载、多继承、自动的强制类型转换。特别地,Java语言不使用指针,而是引用。并提供了自动的废料收集,使得程序员不必为内存管理而担忧。Java要求的基本解释器约为40 KB,若加上基本的程序库,约为215 KB。由于Java程序很小,因此,在最简单的计算机上,Java程序也能够很好地执行。

2. 面向对象

Java语言提供类、接口和继承等原语,为了简单起见,只支持类之间的单继承,但支持接口之间的多继承,并支持类与接口之间的实现机制(关键字为Implements)。Java语言全面支持动态绑定,而C++语言只对虚函数使用动态绑定。总之,Java语言是一个纯的面向对象程序设计语言。

3. 分布式特性

Java是一种分布式语言,Java语言支持Internet应用的开发,在基本的Java应用编程接口中有一个网络应用编程接口,它提供了用于网络应用编程的类库,包括 URL、URLConnection、Socket、ServerSocket 等。Java 的 RMI(远程方法激活)机制也是开发分布式应用的重要手段。利用 Java 来开发分布式的网络程序是 Java 的一个重要应用。

4. 健壮性

Java 的强类型机制、异常处理、垃圾的自动收集等是 Java 程序健壮性的重要保证。对指针的丢弃是 Java 的明智选择。Java 的安全检查机制使得 Java 更具健壮性。

5. 安全性

Java 通常被用在网络环境中,为此,Java 提供了一个安全机制以防恶意代码的攻击。Java 拥有数个阶层的互锁保护措施,能有效地防止病毒的侵入和破坏行为的发生。

6. 结构中立性

众所周知,网络是由很多不同机型的计算机组合而成的。这些计算机的 CPU 和操作系统的体系结构均有所不同,因此,要使一个应用程序可以在每一种计算机上都能执行是很难的。但是,Java 的编译器能够产生一种结构中立的目标文件格式,使得其编译码能够在多数的处理器中执行。Java 程序(后缀为 java 的文件)在 Java 平台上被编译为体系结构中立的字节码格式(后缀为 class 的文件),然后可以在实现这个 Java 平台的任何系统中运行。这种途径适合于异构的网络环境和软件的分发。

7. 可移植性

Java 程序具有很好的可移植性。只要有对应系统的解释器,Java 程序就可以在所有的系统上执行,同时,Java 自带的程序库也定义了一些可移植的程序接口。

8. 解释型语言

Java 程序在 Java 平台上被编译为字节码格式,然后可以在实现这个 Java 平台的任何系统中运行。在运行时,Java 平台中的 Java 解释器对这些字节码进行解释执行,执行过程中需要的类在联接阶段被载入到运行环境中。

9. 高效性

Java 的字节码能迅速地转换成机器码(Machine Code),与那些解释型的高级脚本语言相比,Java 的性能还是较优的。

10. 多线程

Java 语言具有多个线程编程机制,这对于交互回应能力和即时执行行为都是有帮助的。

11. 动态性

Java 语言的设计目标之一是适应于动态变化的环境。Java 程序需要的类能够动态地被载入到运行环境,也可以通过网络来载入所需要的类。这也有利于软件的升级。另外,Java 中的类有一个运行时刻的表示,能进行运行时刻的类型检查。Java 不会因程序库的更新而重新编译程序。

Java 语言的优良特性使得 Java 应用具有无比的健壮性和可靠性,这也减少了应用系统的维护费用。Java 对对象技术的全面支持和 Java 平台内嵌的 API 能缩短应用系统的开发时间并降低成本。Java 的一次编译,到处可运行的特性使得它能够提供一个随处可用的开放结构和在多平台之间传递信息的低成本方式。特别是 Java 企业应用编程接口(Java Enterprise APIs)为企业计算及电子商务应用系统提供了有关技术和丰富的类库。

2.2 Java 开发环境

Java 开发由四部分组成:Java 编程语言、Java 文件格式、Java 虚拟机(JVM)、Java 应用程序接口(Java API)。当利用一台计算机完成某项应用时,就需要使用 Java 语言编写应用程序,并利用某个文本编辑器将其编辑成源程序,以 Java 文件格式存盘,然后在计算机上将源程序编译联结,在 Java 虚拟机上执行。但是,在编写和编译程序前,需要了解什么是 Java 程序设计开发平台,以及如何设置计算机的开发和运行环境。

2.2.1 Java 平台

所谓平台是指程序运行的软硬件环境。一般情况下,平台能够被描述成操作系统和硬件的集成。我们前面已经提到的大多数流行的操作系统,如 Windows、Linux、Solaris 和 Mac OS 等都可以理解成程序运行的平台。

Java 平台是一个具有强大的网络计算功能的工作平台,它实现了一个程序可以运行在各种各样的计算机、消费类电子产品和其他的网络设备上的理想。

Java 工作平台包含两个组件,分别是 Java 虚拟机 (JVM) 和 Java 应用程序编程接口 (Java API)。

下面我们具体解释 JVM 和 Java API。

Java 虚拟机(Java Virtual Machine,JVM)是运行所有 Java 程序的抽象计算机,是 Java 语言的运行环境。Java 程序在一个称之为 Java 虚拟机的程序之上运行,而不是直接运行在操作系统之上。正是因为 Java 程序是通过 Java 虚拟机解释成本地操作系统可执行的程序,才使 Java 程序可从一个平台移植到另外一个平台,它是 Java 最具吸引力的特性之一。

Java API 是已编译的、可在程序中使用的代码库。它们使程序员能够添加现成的可定制的功能,以节约编程时间。Java API 是一个可供调用的大的软件组件的集合,这些组件提供了大量有用的、诸如图形用户接口(GUI)的功能。Java API 按照相关的类(Class)和接口(Interface)构成库,我们把这些库称为包(Package)。

下面的图表示了一个运行在 Java 平台上的程序,如图 2.1 所示。

从这里可以看出,Java API 和 Java 虚拟机对该程序和硬件进行了隔离。

JDK(Java Development Kit)是 Java 语言的软件开发工具包(SDK)。它包含了 Java 虚拟机和 Java API。程序员可以到 Oracle 公司的官方网站(http://www.oracle.com)上下载免费的最新版本的 JDK 安装包。

由于 Java 的应用遍及企业级应用、台式机开发应用以及消费类电子产品应用领域,因此想要有一套大而全的开发系统是不合适的,根据不同的应用需求 Java 具有以下 3 种开发版本:标准版,企业版,嵌入式系统版。

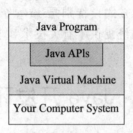

图 2.1 Java 平台

1. 标准版（Java SE）

Java SE(Java Platform, Standard Edition)，Java SE 以前称为 J2SE。它允许开发和部署在桌面、服务器、嵌入式环境和实时环境中使用的 Java 应用程序。Java SE 包含了支持 Java Web 服务开发的类，并为 Java Platform 和 Enterprise Edition(Java EE)提供基础。J2SE 开发包对开发所有的应用程序都是必要的，J2SE 绑定了 Java 编译器、Java 运行时环境（JRE）和核心的 Java API。J2SE 平台对于创建和研制一个客户端的企业应用程序来说是一个既快捷又安全的基础平台。

2. 企业版（Java EE）

Java EE(Java Platform, Enterprise Edition)，Java EE 以前称为 J2EE。企业版本帮助开发和部署可移植、健壮、可伸缩且安全的服务器端 Java 应用程序。Java EE 是在 Java SE 的基础上构建的，它提供 Web 服务、组件模型、管理和通信 API，可以用来实现企业级的面向服务体系结构(service-oriented architecture, SOA)和 Web 2.0 应用程序。J2EE 开发平台已经内含 J2SE 开发平台。J2EE 技术允许企业级开发人员在编写应用程序时将精力集中在企业本身的业务逻辑上，而不是将精力花费在构建企业的基础计算架构上。

3. 嵌入式系统版（Java ME）

Java ME(Java Platform, Micro Edition)，Java ME 以前称为 J2ME。Java ME 为在移动设备和嵌入式设备（比如手机、PDA、电视机顶盒和打印机）上运行的应用程序提供一个健壮且灵活的环境。Java ME 包括灵活的用户界面、健壮的安全模型、许多内置的网络协议以及对可以动态下载的联网和离线应用程序的丰富支持。基于 Java ME 规范的应用程序只需编写一次，就可以用于许多设备，而且可以利用每个设备的本机功能。

本课程采用 Java SE 标准版 JDK。

后面介绍的简短程序是利用 Java 应用编程接口（API）向控制台打印输出一行文字。API 中已经准备了可以使用的控制台打印功能，只需要提供要打印的文字。

Java 程序由被称为 Java VM 的另一个程序来运行(或解释)。如果熟悉 Visual Basic 或其他解释性语言，这一概念对你来说可能就非常容易理解。程序并不是在本机操作系统上直接运行，而是由 Java VM 向本机操作系统进行解释。这就是说，任何安装有 Java VM 的计算机系统都可以运行 Java 程序，而不论最初开发应用程序的是何种计算机系统。例如，在运行 Windows 的个人计算机（PC）上开发的 Java 程序，完全可以在不进行任何修改的情况下运行于安装了 Solaris 操作系统的 Sun Ultra 工作站上，反之亦然。

2.2.2 开发环境的搭建

为了能够编写并运行 Java 程序,需要在计算机系统中安装 JDK。

对于初学者建议首先使用 JDK 和文本编辑器的方式进行开发。下面介绍在 Windows 下如何安装 JDK(Java Software Development Kit,Java 软件开发工具包)及环境变量的设置。

先到 Oracle 公司的官方网站(http://www.oracle.com)下载免费的 JDK 安装包。下载后双击安装文件,按向导提示进行安装即可。安装过程中须记住安装路径,这是为了在后面设置环境变量时使用。比如 JDK 安装路径为 D:\Java\jdk1.7.0_65。

JDK 的目录结构如图 2.2 所示。

图 2.2 JDK 安装目录

由图 2.2 可以看出,JDK 安装目录下具有多个文件夹和一些网页文件,分别如下。

● bin 目录:提供 JDK 工具程序,主要包括 Javac、Java、Appletviewer 等可执行程序,其中,

Javac.exe:Java 编译器,用来将 Java 源程序编译成 Bytecode;

Java.exe:Java 解释器,执行已经转换成 Bytecode 的 Java 应用程序;

Appletviewer.exe:Java 小应用程序浏览器,用来解释已经转换成 Bytecode 的 Java 小应用程序。

● db:JDK 附带的一个轻量级的数据库,名字叫作 Derby。

● include:存放用于本地方法的文件。

● jre:存放 Java 运行环境文件。

● lib:存放 Java 的"类"库文件,程序实际上使用的是 Java 类库。JDK 中的工具程序,大多也是由 Java 编写而成。

● src.zip:Java 提供的 API 类的源代码压缩文件。如果将来需要查看 API 的某些功能如何实现,可以查看这个文件中的源代码内容。

JDK 安装成功后,要想使用控制台来编译和运行 Java 程序,还需要配置系统环境变量 Path、JAVA_HOME 和 CLASSPATH,具体操作步骤如下。

(1)在 Windows"系统"属性里选择"高级系统设置"选项,弹出"系统属性"对话框,选择"高级"选项卡,在下面找到"环境变量"按钮。

(2)在"系统变量"里新建一个名字叫"JAVA_HOME"的变量,其值为 JDK 的安装路径,例如为 D:\Java\ jdk1.7.0_65。

(3)找到 Path 变量,在其前面加上 %JAVA_HOME%\bin; %JAVA_HOME% \jre\bin(注意:这里的分号不能省略)。

(4)新建环境变量 CLASSPATH。在 CLASSPATH 项中添加 %JAVA_HOME%\lib\dt.jar、%JAVA_HOME%\lib\tools.jar、%JAVA_HOME%\jre\lib\rt.jar。

JDK 安装配置完成后,在命令提示符下执行 javac,如果出现如图 2.3 所示的 Java 命令使用帮助信息,则说明安装配置正确。

图 2.3 测试安装

一旦完成了开发包的安装,就可以开始使用 Java 程序设计语言编写程序代码。初学 Java 者建议首先使用 Windows 下的"记事本"文本编辑器编写 Java 程序。熟练后可以考虑使用下列其中的集成开发环境(IDE)来帮助编写和调试程序。

当今最流行的 IDE 是 Eclipse、MyEclipse、JBuilder、JDeveloper、Netbeans、JCreator 等。

Java 程序有 3 种类型,包括 Application、Applet、Servlet。

Application 是 Java 最常见的应用形式,习惯上称为"Java 应用程序"。在安装了 Java 虚拟机(JVM)的计算机上都可以直接运行。

Applet 是嵌入在 HTML 中的脚本程序,运行在 Web 客户端的浏览器上,习惯上称为"Java 小应用程序"。实际上,浏览器也内嵌了一个 Java 虚拟机。

Servlet 是运行在 Web 服务器上,习惯上称为"Java 服务程序"。该服务器上也安装了

Java 虚拟机。

Applet 与 JavaScript 都是嵌入在 HTML 中的脚本程序,都运行在 Web 客户端的浏览器环境中,且功能相同,但由于 JavaScript 功能更强大且更容易编程,所以,Applet 的市场越来越小,目前几乎很少程序员使用了。本教程将不做介绍。

Servlet 程序在后面章节介绍。

因此,本章先只介绍如何编写 Java Application 程序。

2.2.3 编写一个简单的 Java 应用程序 Application

1. 编辑程序

采用所熟悉的文本编辑器创建含有以下文本信息的文本文件,同时还应确保把该文本文件命名为 HelloWorldApp.java。

注意:Java 程序区分代码的大小写,所以如果手工输入代码,请特别注意代码的大写字符。

[例 2.1] HelloWorldApp。

```
/**
 * The HelloWorldApp class implements an application that displays "Hello * World!" to the standard output.
 */
Public class HelloWorldApp {
    public static void main(String[] args){
        System.out.println("Hello World!"); // Display "Hello World!"
    }
}
```

以上是 HelloWorldApp.java 源代码文件。

2. 编译程序

程序必须转换为 Java VM 能够理解的形式,这样,任何安装有 Java VM 的计算机就可以解释并运行该程序。编译 Java 程序是指提取程序文件中程序员可读的文本(亦称源代码)并把它转换成字节码,字节码是提供给 Java VM 的与平台无关的指令。

Java 编译器是可以通过命令行进行调用,在 Windows 下使用 cmd 命令进入命令行窗口,然后在命令行窗口中输入命令如下:

```
javac HelloWorldApp.java
```

3. 解释并运行程序

程序成功编译为 Java 字节码后,就可以在任何 Java VM 上解释并运行应用程序了。Java 程序的解释和运行是指调用 Java VM 字节码解释器把 Java 字节码转换成与平台相关的机器码,以便计算机能够理解并运行该程序。

Java 解释器在 Windows 下命令行窗口中输入命令:

java HelloWorldApp

在终端窗口中完整的显示序列如下,如图 2.4 所示

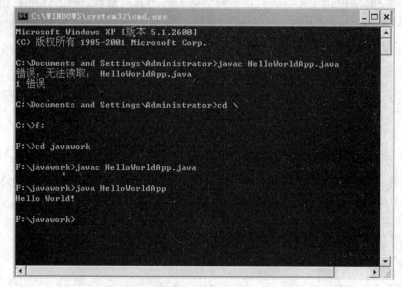

图 2.4 输出结果

4. 代码注释

代码注释是放置于源文件中的向该文件的阅读者描述代码中所代表的操作的注释性文字说明。用于把源代码行与用于调试目的的代码行隔开,或者用于生成 API 文档。为了实现这些目的,Java 语言支持 3 种注释方式:行注释、C 语言风格的注释和.doc 格式的注释。

1)行注释

双斜线(//)在 C++ 程序设计语言中用于通知编译器把从该斜线后开始到该行结束的所有内容看作文本进行处理。例如,HelloWorld 程序第 7 行的 "// Display "Hello World!""。

2)C 语言风格的注释

除了双斜线外,也可以使用 C 语言风格的注释 (/* */)来括住一行或多行需要作为文本处理的代码行。通常文字比较长需要换行时使用这种注释方法。

3).doc 格式的注释

若要为程序生成文档,则应采用.doc 格式注释符号(/* * */)把文本行括起来,以便 javadoc 工具识别。javadoc 工具会查找源文件所包含的 DOC 注释,并利用这些注释生成 API 文档。如 HelloWorld 程序的第 1~4 行的内容就是.doc 格式的注释。

对于简单的类,生成 API 文档是没有意义的。只有当应用程序由大量需要编制文档的复杂的类组成时 API 文档才有意义。javadoc 工具生成描述类结构并包含有带 DOC 注释的文本的 HTML 文件(网页)。

注释不仅可以提高程序的可读性,有助于程序的修改和维护,而且是增强代码移植性的最简便而有效的工具。无论是用何种语言编程,作为一名程序设计人员,都应该具有书写注释的良好习惯。

2.3 Java 基础语法

这一节中我们介绍 Java 作为一种面向对象的通用的程序设计语言的基础语法知识。

Java 语言的基础涵盖数据类型、表达式和流程控制。其实,对于任何程序设计语言来说,这些内容都是最基本的。Java 语言的这些基本知识,与 C/C++ 非常近似,因此,对于具有 C,特别是具有 C++ 知识的人来说,这些内容是很容易掌握的。至于 Java 程序的风格特点以及 Java 的一些具体开发应用,我们将在后面的章节中予以介绍。

先介绍 Java 语言的基础知识,即 Java 的基本数据类型、变量声明、表达式、运算符和面向对象基础,是 Java 语言最接近 C/C++ 语言的方面,然后介绍 Java 的输入输出操作。

2.3.1 标识符与关键字

符号是构成程序的最基本的要素,与采用 ASCII 码的 C 语言不同,Java 为了更好地提供多语言支持,采用的是 UNICODE 字符集。

Java 的符号可分为标识符、关键字、常量、运算符、分隔符 5 种类型。

1. 标识符

标识符是为使变量、类、方法等被编译器识别而提供的具有唯一性的名字。Java 语言的标识符继承了 C 语言标识符的许多特性,同时,也作了一些改进。

Java 语言中,标识符的命名规则是:所有的标识符必须以字母、下划线或美元符开始,随后的字符还可以用数字 0~9。其中,字母包括英文字母 A~Z 大小写形式,以及所有十六进制值大于 00C0 的 UNICODE 码字符,这使得标识符的字符范围进一步扩大。

标识符的构造本身并不难,但是,如何合理科学地构造标识符,在现代软件开发中存在着若干值得注意的问题。标识符使用得好,可以使程序显得规范,大大提高源程序的可读性,并减少程序中的错误。一般地说,标识符不宜过短,过短的标识符会导致程序的可读性很差,因此,应避免使用类似 A、B、X、Y 这样不具有任何实际含义的标识符;但是,也不宜过长,过长的标识符会增加录入的工作量,增加出错的可能性。

2. 关键字

关键字是 Java 语言本身所使用的标识符,又称为系统保留字,用户不能另作他用。

表 2.1 列出了 Java 语言的全部关键字。

表 2.1 Java 语言的关键字

abstract	boolean	break	byte	byvalue *
classconst *	default	do	double	false
final	finally	float	goto *	if
implements	import	instanceof	int	interface

case	native	package	private	protected
public	return	short	super	switch
synchronized	this	threadsafe	throw	transient
True	try	void	while	

注意:带 * 的关键字虽然为 Java 的保留字,但目前的 Java 语言规范尚不支持。

2.3.2 常量与变量

1. 常量的类型

在程序的运行过程中,其值不能被改变的量称为常量。根据其性质的不同,Java 中的常量可分为几种不同的类型。

1) 整型常量

Java 整数类型的常量有 3 种形式:十进制、八进制和十六进制。十进制是最常见的形式。十六进制则以 0% 或 0X 开头,用 0~9 以及 A~F 代表 0~15。八进制则以 0 开头。

整型常量以 int 数据类型保存,其中存放的是 32 位信息,大小限定在 −2 147 483 648 到 2 147 483 648 之间,如果要使用更大的数,则要把数据类型强制转换成 64 位的长整型数。

2) 浮点数型常量

浮点数类型常量用于表示带有分数部分的十进制数,如 1.5 或 43.7,它的表示形式有两种,即标准小数点或科学计数法表示。

标准浮点数类型的常量中,单精度以 32 位形式存放,双精度则使用 64 位存放。可分别使用 f/F 或 d/D 后缀来表示选用何种类型。

3) 布尔型常量

布尔型常量有"真"和"假"两种状态,分别用 true 和 false 关键字表示。这两种状态的值经常用作采取某项行动的标识位。需要特别注意的是,这与 C 和 C++ 中分别用 0 和 1 表示是不相同的。

4) 字符型常量

字符型常量是指包括在单引号中的字符,可以是 UNICODE 字符集中的任何字符。另外,可使用"\"作前缀来表示不可显示的控制字符。

5) 字符串常量

字符串是在双引号里面的字符集合。Java 编程语言中,字符串用专门的数据类型 String 来实现,而不是像 C++ 那样用字符数组实现。

例 2.2 可以对上表中的例子作说明。

[例 2.2] outputTest.java。

```
class outputTest
{
    public static void main(String args[])
    {
```

第 2 章 Java 基础

```
        System.out.println("Hello World!");
        System.out.println("Hi! \n'Good Morning!'");
    }
}
```

显示结果如下：

  Hello World!
  Hi!
  'Good Morning!'

2. 变量的类型及声明

  在 Java 中存储一个数据，必须使用一个变量。变量在使用之前，必须要先声明。变量的使用与两项内容有关：一种数据类型和一个标识符。标识符代表变量的名称，而类型决定了变量能存储的值的种类以及可能的操作方式。

  声明语句的格式如下：

    type identifier[,identifier];

  该语句的作用是告诉编译器以 identifier 为标识符，建立一个 type 类型的变量。其中，分号表示声明语句结束，方括号内的内容表示可选，多个同类型变量之间用逗号隔开。

  Java 语言把变量分成两个大类：一个大类是简单类型，例如整数、浮点数、布尔型、字符型等；另一个大类是复合类型，例如数组、类、接口等。从本质上说，复合类型是建立在其他类型之上的数据类型。

  1) 整数类型的声明

  Java 语言支持 4 种整数类型，这些整数类型所占的位数不同：字节整数型（byte integer）占 8 位，短整数（short integer）占 16 位，整数型（integer）占 32 位，长整数（long integer）型占 64 位。

  下面给出一些例子：

    byte num;
    short NumberOfYear;
    int month;
    int x1,y2,m3;
    long PopulationOfChina;

  上面的 3、4 行语句可以合并，变量之间用逗号隔开即可。

  2) 浮点数类型的声明

  符点数类型用 float 或 double 定义。其中，float 用 32 位单精度符点数来存储变量，double 则按 64 位双精度存储。

  请看下列声明：

    float pi;
    double sum,average;

3)字符类型的声明

Java采用的是16位字符集UNICODE,其字符变量用于存放单字符,而不是字符串。例如:

  char ch1,ch2;

4)布尔类型的声明

布尔类型可取"真"和"假"两种逻辑值,该类型常用于方法的返回值,以表示操作是否成功。其声明如下:

  boolean LingtOff;

注意:与C和C++不同,Java语言中的布尔值是不能直接转化为数值的。

5)数组的声明

在Java语言中,数组是一个专门的数据类型,它们通过索引方式组织一个对象列表。同时,Java中的数组还可以嵌套。数组的声明形式与C语言类似,如下例所示:

  int count[];   //一维数组
  char ch[][];   //二维数组
  float f[];

此外,我们也可以使用如下的等价形式:

  int []count;
  char [][]ch;
  float []f;

关于数组的声明,必须注意的是,Java数组的声明并不需要指明数组的大小,这是因为,数组在声明时并不需要为数组分配存储单元。要分配内存单元,必须使用new运算符,与此相关的内容,在以后章节中讨论。

3. 变量的作用域

变量声明不可避免的导致了作用域概念的产生。所谓作用域,指的是一个变量只在程序的某一部分有效,该范围称为该变量的作用域。一个变量的作用域从该变量的定义之处开始,到它所在块结束处为止。块由花括号对({})确定,如例2.3所示。

[**例2.3**] 程序清单如下。

```
class App
{//类App开始
    public static void main(String args[])
    { //main方法开始
        int i;
        ……            //main方法体
    }              //main方法结束

    public void method1()
    { //method1方法开始
```

char ch;
......
　　}　　　　　　　//method1 方法结束
}　　　　　　　　　//类 App 结束

上面的整数 i 在 main 方法中定义。由于 main 块不包括 method1 块，在 method1 中对 i 的任何引用都将会导致出错，同样，从 main 中引用字符变量 ch 也将导致出错。

2.3.3 运算符及其优先级

变量定义好以后，需要对它们进行赋值、改变和执行计算，这些操作都是由运算符来完成的。表 2.2 按优先级从高到低的顺序列出了 Java 的运算符，同一栏中的运算符优先级相同。

表 2.2　Java 语言运算符表

运算符	名　　称	示　　例
.	成员选择符	object.member_name
[ ]	下标	pointer[element]
( )	函数调用	expression(parameters)
++	后缀加 1	variable++
++	前缀加 1	++variable
--	后缀减 1	variable--
--	前缀减 1	--variable
~	位补	~expression
!	非运算符	!expression
instanceof	实例运算符	if(object_a instanceof classname)
new	分配运算符	new type
*	乘	Expression * expression
/	除	Expression / expression
%	模	Expression % expression
+	加	Expression + expression
-	减	Expression - expression
<<	位左移	Expression << expression
>>	位右移	Expression >> expression
>>>	0 填充位右移	Expression >>> expression
<	小于	Expression < expression
>	大于	Expression > expression
<=	小于等于	Expression <= expression

续表

运算符	名 称	示 例
>=	大于等于	Expression >= expression
==	等于	Expression == expression
!=	不等于	Expression != expression
&	位与	Expression & expression
^	位或与	Expression ^ expression
|	位或	Expression | expression
&&	逻辑与	Expression && expression
||	逻辑或	Expression || expression
?:	如果-否则	expression1? expression2:expression3
operator=	赋值	Variable *= expression

Java 中的运算符及其运算规则,与 C 和 C++大致相同,其相同之处,在此不再赘述。但需要注意的是,Java 中数组内存单元的分配必须先用 new 运算符建立数组,然后,再对数组赋值。例如:

  int a[]=new int[10];

该语句可以通过如下两条语句来实现:

  int a[];
  a[]=new int[10];

或者采用如下等价形式:

  int[]=a;
  a=new int[10];

上面的例子,我们建立了共包括 10 个存储单元的数组,并把它赋给数组 a。然后,就可以通过下标来引用此数组,从 a[0]、a[1]到 a[8]、a[9]。和 C 语言一样,下标也是从 0 开始的。下面,我们给出数组单元分配的通用形式:

  array_type array_name[]=new array_type[array_size];

或

  array_type[]array_name=new array_type[array_size];

这两种格式之间的差别只是括号的位置不同,其意义完全相同。

2.3.4 程序的流程控制

1. 条件语句

条件语句是最基本的流程控制语句,几乎任何一门程序设计语言都用到了条件语句。条件语句可分为简单条件语句和复合条件语句。

1)简单条件语句

Java 语言的条件语句关键字为 if-else,格式类似于 C 语言。

注意:

(1)与 C 语言不同,Java 条件语句中的表达式必须是布尔型的,不能是数值型的。

(2)如果表达式为假时不需要进行任何操作,else 语句可以省去。

(3)语句体为多条语句时,需加上花括号{};若为单条语句,则{}可以省去。

2)复合条件语句

复合条件语句是指在 if-else 语句中又嵌套了 if-else 语句。在实际应用中,复合语句是普遍使用的。因为每件事情似乎都存在多种可能性,这些可能性反映到程序中,表现为程序流程的多个分支。

复合条件语句在使用过程中,应特别注意 if 与 else 之间的匹配关系。一般地,除非使用花括号,否则 else 语句将和最近的 if 语句相匹配。

3)开关语句

前面介绍了条件语句的两种情况。简单条件语句一般只处理两种可能情形,即条件的成立与否,现实生活中,常常会遇到多种可能性的情况,这时尽管可以使用复合条件语句来处理,但是显得很麻烦,且逻辑关系显得很复杂。为此,Java 提供了另一种处理多重条件的语句,这就是开关语句。

开关语句的基本结构如下:

```
switch(expression)
  {
    case 常量 1:
      statements;
      break;
    case 常量 2:
      statements;
      break;
    ……
    default:
      statements;
      break;
  }
```

执行 SWITCH 语句时,首先需要计算括号内表达式的值,然后把这个值与 CASE 后面的常量比较,并执行第一个匹配下的语句分支;若无匹配的常量,则执行最后一个 DEFAULT 分支。

关于 SWITCH 语句,必须注意以下事项:

(1)尽管可以看作是 if 语句的变种,但是,实际上 SWITCH 语句取代 if 语句的一部分功能:它只能作等式比较,即比较括号内表达式的值与常量值是否相等,而 if 语句可以作各种比较。

(2)括号内的表达式只能是整型或字符型表达式,而不能是其他类型。
(3)同一个 SWITCH 语句体中的 CASE 常量不能有相同值。
(4)每一个 CASE 分支后面的语句体不需用花括号括起。
(5)每一个分支之后必须使用 BREAK 语句,否则执行随后的语句,直至遇到下一个 BREAK。

2. 循环语句

Java 语言提供了 3 种格式的循环语句,它们分别是 while 语句、do-while 语句和 for 语句。

1)while 语句

while 循环的格式如下:

```
while(布尔表达式)
{
    循环体
}
```

循环开始时,首先计算布尔表达式的值,若为真,则运行循环体中的语句完毕,返回循环的开始,直至表达式的值为假,即停止循环。

2)do-while 语句

do-while 语句的格式如下:

```
do
{
    循环体
}
while(布尔表达式)
```

while 和 do-while 的唯一区别就是 do-while 肯定会至少执行一次;而在 while 语句中,若布尔表达式的值第一次就为假,则循环体中的语句就根本不会被执行。

3)for 语句

for 循环的格式如下:

```
for( 初始表达式;布尔表达式;步进;)
{
    循环体
}
```

循环在第一次运行之前,要进行初始化,每次循环前要计算布尔表达式的值,若为真,则运行循环体语句,否则,退出循环,执行后面的语句。在每一次循环的末尾,会计算一次步进。

3. 转移语句与返回语句

1)转移语句

转移语句是用来直接控制执行流程的语句。Java 语言提供了这样的语句:break、continue 语句。这些语句提供了改变 while、do-while 和 for 循环的正常行为的附加手段。这些语句在编写程序时是经常需要用到的。

实际上，我们在介绍 switch 语句时已经使用过 break 语句了。break 语句最常用的形式就是与 switch 或循环语句结合使用，其作用是直接中断当前正在执行的语句，跳出 switch 或循环语句。

下面介绍 continue 语句。

continue 与 break 语句是相对的：后者是中断一个循环的执行，而前者则是跳过循环体中随后的语句，直接从循环体头部开始下一次循环。

2) 返回语句

返回语句(return)是和 Java 的方法紧密相关的。Java 应用程序都是通过方法来实现的，一个方法可以调用另一个方法。独立应用程序都有一个 main 方法，这是最高层方法，它不被任何方法调用。习惯上，人们把被调用的方法称为子方法，调用者称为主方法。方法还可以嵌套调用。

一个子方法可以有一到多个 return 语句。当程序执行到此语句时，将立即返回其上一级方法。

return 语句的格式如下：

  return[return_value]

2.3.5 Java 程序的基本结构

Java 程序的源代码文件是一个或多个扩展名为 .java 的文件，该文件是 Java 的编译单元，这和 C 语言的编译单元是一样的。所有的 Java 程序都由一个或一个以上这样的单元组成。

Java 的编译单元由几种不同的元素构成：package 语句、import 语句、类声明或接口(interface)声明语句。每个编译单元可以声明多个类和接口，但最多只能有一个接口和类是公共的，这个公共类型的接口或类，是编译单元与其他对象交流的渠道。其余的接口和类必须是私有类型的，Java 中默认的类型为私有类型。

与 C 语言类似，所有 Java 程序必须有一个 main()方法，解释器从它开始执行程序。这个 main()方法必须以如下格式定义：

  import ClassName;
  class ClassName
   {
    public static void main(String args[])
    {……}
   }

这个 main()方法将从解释器接收命令行参数，并不返回任何变量(void)。main 方法中的代码在程序开始时首先执行。关键字 public static void 的含义表示：Java 虚拟机(JVM)可调用程序的 main 方法来开始执行程序(public＜公用的＞)，而无须创建类的实例(static＜静态的＞)，而且该程序也不会在结束时向 Java VM 解释器返回数据(void＜无返回值的＞)。

2.4 Java 面向对象基础

下面我们就 Java 面向对象程序设计的一些基本概念作一个简单介绍。

2.4.1 对象、类和封装性

所谓"对象",就是一个包含数据以及与这些数据有关的操作的集合。对象具有"封装性",它内部封装数据(称为"实例变量")和函数操作代码(称为"方法")。一个对象的生命周期包括生成、使用、清除。

Java 作为一种面向对象的语言,对象是其中心内容。

客观世界中的任何一个事物都可以看成一个对象。例如,学校是一个对象,一个班级也是一个对象。在实际生活中,人们往往在一个对象中进行活动。作为对象,它应该至少有两个要素:一是从事活动的主体,如班级中的若干名学生;二是活动的内容,如开会、上课等。

从计算机的角度看,一个对象应该包括如下两个要素:

一是数据,相当于班级中的学生;

二是作用在这些数据上的操作,相当于学生进行的活动。

面向对象程序设计方法的一个重要特点就是"封装性",即把数据和操作代码封装在一个对象中。程序设计者的任务包括两个方面:一是设计对象,即决定把哪些数据和操作封装在一起;二是使用对象,即怎样通知有关对象完成所需的任务。

"类"是对象的抽象,而对象则是类的具体实例。"类"代表了某一批对象的共性和特征。在实际生活中,许多对象都具有相同的结构和特性,例如一班、二班、三班等不同班级,它们是不同的对象,但它们的结构和特性是完全相同的,我们将其归结为一"类"。如同 C 语言中的结构类型和结构变量的关系一样,Java 中也是先声明一个类,然后用它去定义若干个对象,可以说,对象就是一个类的实例。

采用 Java 编写的所有程序都是由类组成的。由于所有的类都具有相同的结构并共享通用的组成部分,所以所有的 Java 程序都非常类似。

[例 2.4] 声明一个类 Ship1。

```
class Ship1 {
    public String name;
    public double x, y, speed, direction;
    degreesToRadians(double degrees){ //度化为弧度
        return( degrees * Math.PI/180.0);
    }
}
```

Java 通过 new 创建类 Ship1 的对象 s1,用 new 为对象 s1 申请内存。例如:

Ship1 s1=new Ship1();

类中所定义的内容被称为成员,类中只允许定义变量和方法,不允许有语句的执行。类的成员方法如以上的 degreesToRadians( ),可以形象地说它是类的行为动作。

需要说明的几点是:

(1)类名要符合标识符的定义规则,通常首字符要大写。

(2){ }里的内容是类的主体部分,包括变量定义和方法的定义。

(3)对象名要符合标识符的定义规则,通常是小写表示。

(4)方法名要符合标识符的定义规则,一般用小写字母表示,如果方法名是由两个单词组成,一般第二个单词的首字母要大写。

(5)方法体必须用"{ }"括起来,里面可以定义变量;方法体内可执行各种语句。在 Java 中,语句的执行只能出现在方法体内。

Java 中所有程序代码都必须存在于类中,用 class 关键字定义类,在 class 前面可以有一些修饰符。常见的修饰符有:

- public:任何一个可访问类实例的用户都可以访问类中的变量和方法。
- private:此变量或方法只能被本类中的方法来访问。
- protected:此变量或方法能被处于同一个类、同一个包中所有类里的方法以及继承得到的子类中的方法访问。
- static:此变量或方法被整个类共享。
- final:表示该类不能再分子类。

2.4.2 方法重载和构造方法

方法重载的概念是,Java 程序的一个类里可以有多个同名的方法。这些方法的不同之处在于:同名的方法的参数是不同的,有时是数目不同,有时是参数的数据类型不同。这样就可以根据具体情况,对相同名字的方法,执行不同的操作,返回相应结果。

Java 中有一类特殊的方法叫作构造方法。构造方法多半定义一些初值或内存配置工作。构造方法的定义与成员方法的定义有区别,一是方法名必须与类的名字相同,二是构造方法不需要写返回值类型。

一个类可以有多个构造方法(方法重载),对象根据参数的不同来决定执行哪一个构造方法。如果程序中没有定义构造函数,则创建对象时使用的是缺省构造方法,它是一个无内容的空构造方法。Java 工具包中有一个反编译工具 javap.exe,利用该工具进行反编译可以看到系统默认提供的无参构造方法。

[例 2.5] Test2.java。

```
class Ship1
{ public double x, y, speed, direction;
  public String name;

  public Ship1(double x,double y,double speed,double direction,String name)//构造方法
  { this.x=x;    this.y=y;
    this.speed=speed;
```

```
    this.direction=direction;
    this.name=name;           //构造方法不能有返回类型
}
private double degreesToRadians(double degrees)//度化为弧度
{ return(degrees * Math.PI/180.0);
}
public void move()//方法
{ double angle=degreesToRadians(direction);
    x=x+speed * Math.cos(angle);
    y=y+speed * Math.sin(angle);
}
public void printLocation()//方法
{ System.out.println(name + "is at(" + x + "," + y + ").");
}
}

public class Test2
{ public static void main(String[] args)
  { Ship1 s1 = new Ship1(0.0, 0.0, 1.0, 0.0, "Ship1");
    Ship1 s2 = new Ship1(0.0, 0.0, 2.0, 135.0, "Ship2");
    s1.move();
    s2.move();
    s1.printLocation();
    s2.printLocation();
  }
}
```

程序第4行到第9行定义了构造方法。其中 this 是类内部的一个特殊的、默认的内置对象，这个对象不需要声明就可以直接使用，但只能用在当前类中，来调用本类的成员变量或成员方法。

运行结果如图 2.5 所示。

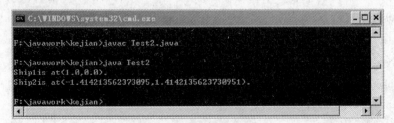

图 2.5　例 2.5 运行结果

2.4.3 继承

Java 中的继承是指在原有类的基础上创建新类,避免重写源代码的处理过程。被继承的类称为"父类",继承产生的新类称为"子类"。关键字 extends 用来指明当前类从哪个类继承而来,java 程序通过 extends 使一个类继承另一个类的属性。

```
public class ChildClass extends ParentClass
    {
        ……
    }
```

如图 2.6 所示,子类 Mountain Bike、Racing Bike 和子类 Tandem Bike 继承了父类 Bicycle 的属性和方法。

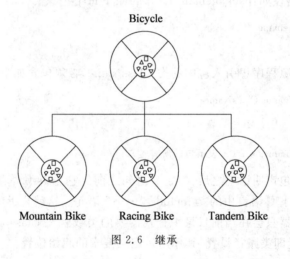

图 2.6 继承

2.4.4 多态性——接口

1. 定义一个接口

接口是一系列常量和还没有实现的方法的结合。其声明类似于类的声明:

```
Interface Declaration
    {
        interfaceBody
    }
```

接口的作用主要是将若干个重要的抽象方法和常量封装在一起,实现面向对象编程的多态机制。

2. 实现一个接口

通过类来实现接口的具体操作时,要具体实现接口所描述的所有方法的方法体。可以通过在类声明语句中用关键字 Implements 后接一个用逗号分隔的接口列表来声明该类要实现的一个或多个接口。

例如：

class 类名 implements 接口名列表
{
......
}

2.4.5 包与类路径

"包"的概念与"函数库"的概念类似，它是"类"和"接口"的集合。

创建包：首先把属于包的所有的类（源文件）置于当前目录的一个子目录下，将子目录命名为包的名字（称为类路径如：packagename）。子目录下每个包源文件的首行应为：

package packagename;
......

在当前目录中的源程序想引入包中的类 ClassName，必须包含如下语句：

import packagename. ClassName;

或者

import packagename. * ;(* 表示包的所有类)

该语句的位置在包声明语句之后，类定义语句之前。它告诉编译器指定的包中的类在本程序中可用。联想一下 C 语言中的 ♯include "……" 语句。这就告诉编译器指定的类在本程序中可用。否则编译器只会在当前目录中查找需要的类或者在 Classpath 所设置的路径下查找类。Classpath 设置即类路径设置，其作用是定义搜索的起始位置。

[例 2.6] X1.java，X2.java，Pack.java。

定义属于 bag 包的类 X1：

```
package bag;
public class X1{
  int x,y;
  public X1(int i, int j){
    this.x=i;
    this.y=j;
    System.out.println("x=" + x +" "+"y="+y);
  }
  public void show(){
    System.out.println("This class is a X1");
  }
}
```

定义属于 bag 包的类 X2：

```
package bag;
public class X2{
  int m,n;
  public X2(int i, int j){
    this.m=i;
    this.n=j;
    System.out.println("m="+ m +" "+"n="+n);
  }
  public void show(){
    System.out.println("This class is a X2");
  }
}
```

将属于 bag 包的类 X1 和 X2(源文件)放在当前目录的子目录下,将子目录命名为包的名字。执行以下程序 Pack.java：

```
import bag.X1;
import bag.X2;
public class Pack{
  public static void main(String args[]){
    X1 aa=new X1(4,5);
    aa.show();
    X2 bb=new X2(10,20);
    bb.show();
  }
}
```

运行结果如图 2.7 所示。

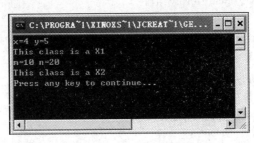

图 2.7 例 2.6 运行结果

2.4.6 异常

对于任何计算机程序设计语言来说,错误或异常情况是无法避免的。当 Java 应用程序出现错误时,系统会自动产生一个异常对象,该对象包含了异常的类型和错误出现时程序所处的状态信息。Java 程序中产生的异常对象将首先被交给 Java 虚拟机,由 Java 虚拟机来查找具体的异常处理者,该过程称为抛出异常。

Java 中的每个异常都是 java.lang 包中的 Throwable 类或子类的实例对象,这个对象能将异常产生点的信息传递给捕获该异常的那个方法。Throwable 类有两个直接的子类:Error 和 Exception。Error 类是指 Java 虚拟机在动态装载时出现的错误以及在执行过程中出现的内部错误,如系统崩溃等,这类错误一般被认为是不可恢复和不可捕获的;Exception 类是指一些可以被捕获一切可能恢复的异常情况,例 2.7 是由于数组下标越界而抛出异常的一个简单例子。

[例 2.7] Exception.java。

```
public class Exception
{
    public static void main(String args[])
    { int a[]={1,2,3,4,5},sum=0;
      for (int i=0;i<=5;i++) sum=sum+a[i];//异常
      System.out.println("sum="+sum);
      System.out.println("Successfully!");
      System.out.println("Program Finished!");
    }
}
```

运行结果如下:

Exception in thread "main"java.lang.ArrayIndexOutOfBoundsException:5
　　At Exception.main(Exception.java:7)

由于数组下标越界是属于运行时异常,代码可以通过编译。但在运行时,程序在抛出异常后会终止运行。

1. 异常处理的结构形式

捕获并处理异常 try…catch…finally 结构
try {
　　接受监视的程序块;
}catch(异常类名 1 异常对象名 1)
{异常类名 1 对应的处理代码;
}catch(异常类名 2 异常对象名 2)
{异常类名 2 对应的处理代码;
}
……
finally {
　　不论是否发生异常,都要执行的代码;
}

该结构的含义是:当 try 块中的语句产生异常时,Java 虚拟机将在 try 块后面的 catch 语句中查找与该异常类型相匹配的加以执行;而 try 块中产生异常语句以后的所有语句将不再执行;若 try 块中的语句没有产生任何异常,则 catch 块中的语句将被跳过而不再执行。

finally 语句可选,只用来控制从 try…catch 语句转移到另一部分前的一些必要的善后工作,这些工作包含了关闭文件或释放其他有关系统资源。该语句执行的是一种强制的无条件执行,即不管在程序中是否出现异常,也不管出现的是哪一种异常,即使 try 代码块中包含有 break、continue、return 或者 throw 语句,都必须执行 finally 块中所包含的语句。

对程序例 2.7 修改如下:

```
public class Exception1
{
    public static void main(String args[])
    {
    try
    {
    int a[]={1,2,3,4,5},sum=0;
    for (int i=0; i<=5; i++) sum=sum+a[i];//异常
    System.out.println("sum="+sum);
    System.out.println("Successfully!");
    }
    catch (ArrayIndexOutOfBoundsException e)
    {
      System.out.println("Array Index OutOfBounds Exception detected");
    }
    Finally
    {
      System.out.println("Program Finished!");
    }
    }
}
```

运行结果如下:

Array Index OutOfBounds Exception detected
Program Finished!

2. 异常抛出的方式

在 Java 语言中,异常抛出有两种方式:直接抛出和间接抛出。直接抛出方式是在方法中直接利用 throw 语句将异常抛出;间接抛出方式是在方法的定义中利用 throws 关键字将可能产生的异常间接抛出。

1)直接抛出异常

在 Java 中直接抛出异常的格式为:

throw newExceptionObject;

利用 throw 语句抛出一个异常后,程序执行流程将直接寻找一个 catch 语句并进行匹配,执行相应的异常处理程序,其后的所有语句都将被忽略,如下例所示:

public void myMethod()
{……

```
       if(exception occurred)
       {
           throw new Exception();
           //方法结束
       }
   ……
}
```

2)间接抛出异常

Java 程序中还可以在方法的定义中利用 throws 关键字声明异常类型而间接抛出异常,即当 Java 程序中方法本身对其出现的异常并不关心或不方便进行处理时,可以不在方法实现中直接捕获有关异常并进行处理,而是在方法定义的时候通过 throws 关键字将异常抛给上层调用处理。其形式如下所示:

```
public void myMethod() throws MyException1,MyException2
{
   ……
}
```

2.5 Java 的 I/O 操作

在实际应用中,大多数应用程序都会涉及键盘输入、文件读写、屏幕显示等与输入和输出相关的操作。Java 语言的输入/输出功能是十分强大而灵活的,它定义了许多类专门负责各种方式的输入输出,这些类都被放在 java.io 包中。

2.5.1 File 类

在 java.io 包中 File 是一个常用类,File 类定义了一些与平台无关的方法对文件或目录进行操作,比如,创建、删除、重命名文件,列出目录,查询文件大小,判断文件的读写权限及是否存在,设置和查询文件的最近修改日期等。File 类可以直接处理文件和文件系统相关信息,而不具有从文件读取信息和向文件写信息的功能。

我们用下面的一个简单应用来演示 File 类常用方法,判断文件是否存在,不存在则创建,读者可以在 c:\下观察到这个变化。

[例 2.8] FileTest.java。

```
import java.io.*;
import java.util.Date;
public class FileTest{
    public static void main(String args[]){
        try{
```

```
            File f=new File("c:\\file1.txt");

            System.out.println("文件是否存在:"+f.exists());
              if(!f.exists())
                 {
                 System.out.println("文件若不存在则创建!");
                 f.createNewFile();
                 }
            System.out.println("文件是否存在:"+f.exists());
            System.out.println("是文件吗:"+f.isFile());
            System.out.println("是文件夹吗:"+f.isDirectory());
            System.out.println("可否读取文件:"+f.canRead());
            System.out.println("可否修改文件:"+f.canWrite());
            System.out.println("是否隐藏:"+f.isHidden());
            System.out.println("文件名称:"+f.getName());
            System.out.println("标准文件名:"+f.getCanonicalFile());
            System.out.println("相对路径:"+f.getPath());
            System.out.println("绝对路径:"+f.getAbsolutePath());
            System.out.println("标准路径:"+f.getCanonicalPath());
            System.out.println("文件大小:"+f.length()+"字节");
            long rq=f.lastModified();
            if (rq!=0)System.out.println("最后修改时间:"+new Date(rq));


            }
            catch(IOException ex){
            ex.printStackTrace();
            }
        }
    }
```

运行上面的程序,将在 c:\下创建文件 file1.txt,运行结果如图 2.8 所示。

图 2.8　例 2.8 运行结果

2.5.2 Java 流操作

Java 所有的 I/O 操作都是基于数据流的。当程序需要读取数据的时候，就会开启一个通向数据源的流，这个数据源可以是文件、内存或是网络连接。类似的，当程序需要写入数据的时候，就会开启一个通向目的地的流。

Java 中的流分为两种：一种是字节流，另一种是字符流，分别由四个抽象类来表示。其中抽象类 InputStream 和 OutputStream 主要用于字节流的输入/输出，抽象类 Reader 和 Writer 主要用于字符流的输入/输出。Java 中其他多种多样变化的流均是由它们派生出来的。

1. 字节流

字节流是最基本的数据流，它按字节来处理二进制数据。Java 中大多使用 InputStream 和 OutputStream 这两个抽象类的子类的对象来完成字节流的输入/输出工作。例如，程序中经常用到的 System.in 中的 in 就是 InputStream 的对象，System.out 中的 out 就是 outputStream 的子类 PrintStream 的对象。

InputStream 的常用的子类如下：

● FileInputStream：从本地文件系统中读取数据字节。
● ObjectInputStream：对以前使用 ObjectOutputStream 写入的基本数据和对象进行反序列化。
● ByteArrayInputStream：从内存数组中读取数据字节。
● BufferedInputStream：缓冲区对数据的访问，以提高效率。
● DataInputStream：从输入流中读取基本数据类型，如 int、float、double 或者甚至一行文本。

OutputStream 的常用的子类如下：

● FileOutputStream：用于将数据写入 File 或 FileDescriptor 的输出流。
● ObjectOutputStream：将 Java 对象的基本数据类型和图形写入 OutputStream。
● ByteArrayOutputStream：此类实现了一个输出流，其中的数据被写入一个字节数组。
● DataOutputStream：数据输出流允许应用程序以适当方式将基本 Java 数据类型写入输出流中。

下面是使用类 FileInputStream 和 FileOutputStream 进行文件读写的一个简单例子。

[例 2.9] ByteIOTest.java。

```java
import java.io.*;
import java.lang.*;
public class ByteIOTest{
    public static void main(String[] args){
        try{
            //向文件写数据
            FileOutputStream out=new FileOutputStream("file2.txt");
            String str="Hello World!";
            out.write(str.getBytes());//写操作
```

```
        out.flush();
        out.close();
        //从文件中读取数据
        FileInputStream in=new FileInputStream("file2.txt");
        int temp;
        while((temp=in.read())!=-1)
        System.out.print((char)temp);
        in.close();
        }
    catch(IOException e){
        System.err.println("错误信息:"+e.getMessage());
        }
    }
}
```

程序运行结果如图 2.9 所示。

图 2.9 例 2.9 运行结果

2. 字符流

由于字节流不方便用来处理存储为 Unicode(每个字符使用两个字节)的信息,所以 Java 引入了字符流的概念。字符流处理的单元为 2 个字节的 Unicode 字符。Java.io 包中定义的用于字符流输入/输出的抽象类是 Reader 和 Writer,这些类的扩展又提供了很多实用的字符流子类。

Reader 的常用的子类如下:

● FileReader:用来读取字符文件的便捷类。

● InputStreamReader:是字节流通向字符流的桥梁,它使用指定的字符集读取字节并将其解码为字符。

● BufferedReader:从字符输入流中读取文本,缓冲各个字符,从而提供字符、数组和行的高效读取。

Writer 的常用的子类如下:

● FileWriter:用来写入字符文件的便捷类。

● OutputStreamWriter:是字符流通向字节流的桥梁,使用指定的字符集将要向其写入的字符编码为字节。

● BufferedWriter：将文本写入字符输出流，缓冲各个字符，从而提供单个字符、数组和字符串的高效写入。

[例 2.10] IOtest.java。

```java
import java.io.*;
class IOtest{
    public static void main(String args[]){
        try{
            File f=new File("c:\\file3.txt");
            if(!f.exists())
            {
                f.createNewFile();
            }
            FileWriter fw=new FileWriter(f);
            BufferedWriter bw=new BufferedWriter(fw);
            bw.write("这是一个简单的文件读写操作！");
            System.out.println("file3.txt 写入成功！**************开始读..\n");
            bw.flush();
            bw.close();

            FileReader fr=new FileReader("c:\\file3.txt");
            BufferedReader br=new BufferedReader(fr);
            String temp=null;
            do{
                temp=br.readLine();
                System.out.println(temp==null?"":temp);
            }
            while(temp!=null);
            fr.close();
            br.close();

            System.out.println("file3.txt 已经读完！*************");
        }
        catch(IOException e1){
            e1.printStackTrace();
        }
    }
}
```

该程序是利用类 FileReader、类 FileWriter 和类 BufferedReader、类 BufferedWriter 进行简单的文件读写操作,是基于字符的方式进行的。程序执行结果如图 2.10 所示。

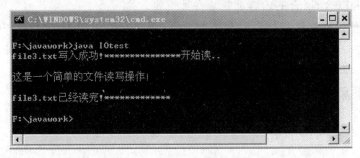

图 2.10　例 2.10 运行结果

以上简要地罗列了 Java 的基本语法,熟悉 C 语言和 C++语言的读者一定会看到 Java 与之的相同之处,实际上,Java 确实是从 C 语言和 C++语言那里继承了许多成分,甚至可以将 Java 看成是类 C 语言发展和衍生的产物。比如 Java 语言的变量声明,操作符形式,参数传递,流程控制等方面和 C 语言、C++语言完全相同。尽管如此,Java 和 C 语言、C++语言又有许多差别,我们将其总结为如下几点并作为本章的结束。

(1)Java 中对内存的分配是动态的,它采用面向对象的机制,采用运算符 new 为每个对象分配内存空间,而且,实际内存还会随程序运行情况而改变。程序运行中 Java 系统自动对内存进行扫描,对长期不用的空间作为"垃圾"进行收集,使得系统资源得到更充分地利用。按照这种机制,程序员不必关注内存管理问题,这使 Java 程序的编写变得简单明了,并且避免了由于内存管理方面的差错而导致系统出问题。而 C 语言通过 malloc()和 free()这两个库函数来分别实现分配内存和释放内存空间,C++语言中则通过运算符 new 和 delete 来分配和释放内存。在 C 和 C++这种机制中,程序员必须非常仔细地处理内存的使用问题。一方面,如果对已释放的内存再作释放或者对未曾分配的内存作释放,都会造成死机;而另一方面,如果对长期不用的或不再使用的内存不释放,则会浪费系统资源,甚至因此造成资源枯竭。

(2)Java 不在所有类之外定义全局变量,而是在某个类中定义一种公用静态的变量来完成全局变量的功能。

(3)Java 不用 goto 语句,而是用 try-catch-finally 异常处理语句来代替 goto 语句处理出错的功能。

(4)Java 不支持头文件,而 C 语言和 C++语言中都用头文件来声明类的原型、全局变量、库函数等,这种采用头文件的结构使得系统的运行维护相当繁杂。

(5)Java 不支持宏定义。Java 只能使用关键字 final 来定义常量。

(6)Java 对每种数据类型都分配固定长度。比如,在 Java 中,int 类型总是 32 位的,而在 C 语言和 C++语言中,对于不同的平台,同一个数据类型分配不同的字节数,这使得 C 语言造成不可移植性。

(7)类型转换不同。在 C 语言和 C++语言中,可通过指针进行任意的类型转换,常常带来不安全性,而在 Java 中,运行时系统对对象的处理要进行类型相容性检查,以防止不安全的转换。

(8)结构和联合的处理。Java中根本就不允许类似C语言的结构体(struct)和联合体(union)包含结构和联合,所有的内容都封装在类里面。

(9)Java不再使用指针。指针是C语言和C++语言中最灵活,也最容易产生错误的数据类型。由指针所进行的内存地址操作常会造成不可预知的错误,同时通过指针对某个内存地址进行显式类型转换后,可以访问一个C++中的私有成员,从而破坏安全性。而Java用"引用"的方式,对指针进行完全地控制,程序员不能直接进行任何指针操作。

第3章

Java的多线程机制及网络程序设计

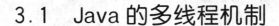

3.1 Java 的多线程机制

3.1.1 什么是多线程机制

传统操作系统中的多进程的思想已经使用了很长时间,它允许多个任务共享 CPU 处理器,即很多用户可以共享处理器。每个用户的任务按某种调度机制来分配处理器时间片段。多线程是现代操作系统有别于传统操作系统的重要标志之一,它是有别于传统的多进程的新概念。

线程是一个程序中的一个执行流,多线程是指一个程序中包含有多个执行流。线程和进程一样,都是实现并发操作的基本单位,线程和进程的差别主要体现在以下内容。

● 进程:每个进程都有独立的代码和数据空间(进程上下文),即进程占有独立的内存资源,进程切换的开销大。

● 线程:也称为轻量进程,一个进程的多个线程共享代码和数据"堆"空间,每个线程有独立的运行栈和程序计数器(PC),线程切换的开销小。线程具有共享的"堆",独立的"栈",线程可以利用"堆"来完成线程间的通信。

● 多进程:在操作系统中,能同时运行多个任务。

● 多线程:在同一应用程序中,有多个顺序执行流同时执行。

Web 编程(如下载,HTTP 服务等)要求具有多线程机制。

Java 的重要特性之一就是它内置的多线程支持。

3.1.2 Java 多线程机制的实现

Java 提供了两种线程编程的便利机制:第一种是继承 Thread 类的办法,构造 Thread 类的一个子类,并在 run()方法中包含运行的代码,该方法多用于 Java 应用程序中;第二种是通过实现接口 Runnabled 来完成。该方法多用于 Java applet 小程序中。下面,分别进行介绍。

1. 第一种是通过继承 Thread 类来完成,该方法用于 Java application 应用程序中

Java 中运行线程的第一种途径是继承 Thread 类,构造 Thread 类的一个子类,把要完成的动作放入子类的 Run()方法中,生成它的一个实例,然后调用实例的 start()方法。下面的实例给出了这些实现方法:

[例 3.1] CounterApplication.java。

```java
import java.lang.*;

public class CounterApplication extends Thread
{
    private static int totalNum = 0;
    private int currentNum, loopLimit;

    public CounterApplication(int loopLimit){
        this.loopLimit = loopLimit;
        currentNum = ++totalNum;
    }

    public void run(){
        for (int i=1; i<=loopLimit; i++){
            System.out.println("ProcessNum:"+currentNum+" -- Counter:"+i);
            try { sleep((int)(Math.random()*1000));}//线程短暂睡眠
            catch (InterruptedException e){};
        }
    }

    public static void main(String[] args){
        CounterApplication c1 = new CounterApplication(5);
        CounterApplication c2 = new CounterApplication(5);
        CounterApplication c3 = new CounterApplication(5);
        c1.start();
        c2.start();
        c3.start();
    }
}
```

程序的执行结果如图 3.1 所示。

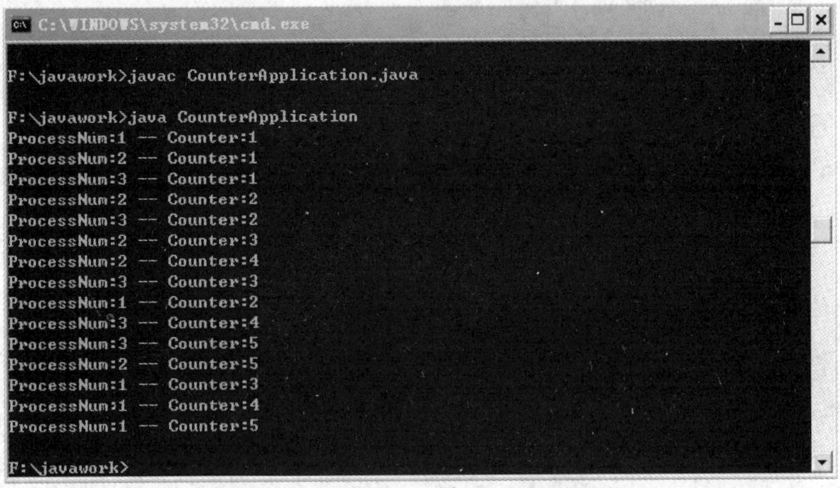

图 3.1　例 3.1 运行结果

上述程序运行时,该程序产生的三个线程是交错运行的,感觉就像是三个线程在同时运行,但是实际上一台计算机通常就只有一个 CPU,在某个时刻只能是只有一个线程在运行。对于程序员来说,在编程时要注意给每个线程执行的时间和机会,可以通过使用调用 sleep() 方法来干涉线程执行次序。

2. 第二种是通过实现 Runnabled 接口来完成,该方法用于 Java applet 小程序中

实现多线程机制的第二个途径是实现 Runnable 接口。为什么在 applet 小程序中不能采用通过继承 Thread 类来实现线程?因为 Java 不允许多重继承。通过 Runnable 接口实现多线程的方法是:首先设计一个实现 Runnable 接口的类,然后建立该类的对象,以此对象为参数建立 Thread 类的对象,调用 Thread 类的方法 start() 启动线程,将执行权交给 Runnable 的 run() 方法。

由于目前很少有程序员编写 Java applet 程序,而改采用 JavaScript 来完成同样的功能,所以,本教程不介绍这部分内容。

3.1.3　线程的竞争与同步

多个线程可能会存取同一实例变量造成竞争。

解决办法是采取同步机制,即使用 synchronized 关键字设定同步区。当某个对象用 synchronized 修饰时,表明该对象在任意时刻只能由一个线程访问。

对一段代码进行同步的方法是把它放入到 Synchronized 块中,其格式如下:

```
synchronized(someObject)
{
    …… //代码
}
```

Java Web 应用开发教程

[例3.2] 线程竞争与同步实例:Counter.java。

```java
public class Counter {
  public static void main(String[] args){
    for (int i = 0; i < 3; i++){
      Thread t = new Thread(new CounterThread());
      t.start();     //这是线程对象 t 的方法 start,而不是类 CounterThread 的方法 start.
    }
  }
}


class CounterThread implements Runnable {
  private static int totalNum = 0;
  private static void pause(double seconds){
    try {
      Thread.sleep(Math.round(1000.0 * seconds));
    } catch (InterruptedException ie){
      ie.printStackTrace();
    }
  }

  public void run(){ //在接口 Runnable 的类 CounterThread 中实现 run 方法
    int currentNum;
    synchronized (this){ //一旦线程进入这段同步代码,其他线程将不能进入
      totalNum++; //多个线程共享成员变量(实例变量)totalNum,它是属于堆
      currentNum = totalNum;
      System.out.println("Setting currentNum to:" + currentNum);
    }

      for (int i = 1; i <= 5; i++){
        System.out.println("ProcessNum:" + currentNum + " -- Counter:" + i);
        pause(Math.random());
      }
  }
}
```

多个线程可能会存取同一实例变量 totalNum,造成线程竞争,解决办法是采取同步机制,对这一段代码进行同步的方法是把它放入到 Synchronized 块中。

程序运行结果如图 3.2 所示。由于线程调度是随机的,每次运行结果都会不同,读者可以自己练习,观察其运行结果。

第3章 Java的多线程机制及网络程序设计

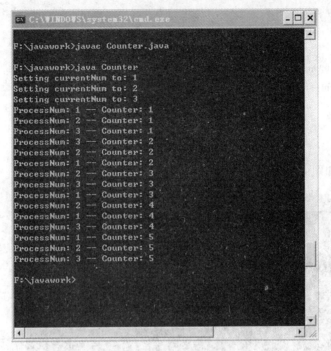

图 3.2 例 3.2 运行结果

[例 3.3] MainThread.java。

```
class Cbank {
    private static int s = 2000;
    public synchronized static void sub(int m){// synchronized
        int temp = s;
        temp = temp - m;
        try {
            Thread.sleep((int)(Math.random() * 1000));//线程短暂睡眠
        } catch (InterruptedException e){
        }
        s = temp;
        System.out.println("s = " + s);
    }
}

class Customer extends Thread {
    public void run(){
        for (int i = 1; i <= 4; i++)
            Cbank.sub(100);
    }
}
```

```
public class MainThread {
    public static void main(String[] args){
        Customer Customer1 = new Customer();
        Customer Customer2 = new Customer();
        Customer1.start();
        Customer2.start();
    }
}
```

程序运行结果如图 3.3 所示。

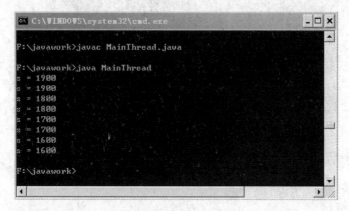

图 3.3　例 3.3 运行结果

3.1.4　Thread 类介绍

接下来的部分简要介绍 Thread 类中的构造函数、常量和方法。

1. 构造函数

Thread 的构造函数有以下几种方式：

```
public Thread()
public Thread(Runnable target)
public Thread(ThreadGroup group,Runnable target)
public Thread(String name)
public Thread(ThreadGroup group,String name)
public Thread(Runnable target,String name)
public Thread(ThreadGroup group,Runnable target,String name)
```

其中，包括以下参数。

- Runnable target：当线程启动时，它激发 target 中的 run() 方法；
- ThreadGroup group：当创建该线程时，可以将该线程加入到不同的线程组 group 中；
- String name：线程名，可以使用它使线程分离，也可以用 null 作为线程名。

2. 常量

```
public final int MAX_PRIORITY
```

它是线程优先级的最大值,等于10。

  public final int MIN_PRIORITY

它是线程优先级的最小值,等于1。

  public final int NORM_PRIORITY

它是第一个用户线程的优先级,等于5。

 3. 方法

  Thread 类的方法很多,我们只介绍其中常用的一部分。

  public final void setName(String name)

设置线程名。

  public final int getPriority()

获得当前线程的优先级。

  public final String getName()

得到当前线程名。

  public static int activeCount()

返回当前线程组中有多少个活动的线程。

  public native synchronized void start()

开始运行当前线程。

  public final void suspend()

临时挂起当前线程。

  ……

  要想了解 Thread 类的所有方法和详细情况,请查阅有关资料。

3.1.5 线程的生命周期

  Java 的每个线程要经过新生、就绪、运行、阻塞和死亡 5 种状态,线程从新生到死亡的状态变化过程称为生命周期。

 1. 新生状态

  执行下列语句时,线程就处于新生状态:

   Thread myThread = new Thread();

  当一个线程处于创建状态时它有自己的内存空间。

 2. 就绪状态

  通过调用 start()方法(如 myThread.start()),线程处于就绪状态,此时的线程还没有分配到 CPU,因而进入线程队列,等待系统为其分配 CPU,一旦得到 CPU,线程进入运行状态并自动调用自己的 run() 方法。

3. 运行状态

线程执行 run() 方法中的代码。直到完成任务而死亡或等待某资源而阻塞。

4. 阻塞状态

进入阻塞状态的原因有如下几条：
(1) 调用了 sleep() 方法。
(2) 调用了 suspend() 方法。
(3) 为等候一个条件变量，线程调用 wait() 方法。
(4) 输入/输出流中发生线程阻塞。

阻塞状态是因为某种原因(输入/输出、等待消息或其他阻塞情况)，系统不能执行线程的状态。这时即使处理器空闲，也不能执行该线程。只有当引起阻塞的原因消除时，线程便转入就绪状态．重新排队等待 CPU。

5. 死亡状态

线程死亡的原因只有两个：一个是线程正常执行完毕；另一个是线程被强制停止。当线程处于运行状态时，可以调用线程的 stop() 方法或 destroy() 来结束线程的运行。

3.2　Java 网络程序设计

　　Java 是适用于网络环境的一种编程语言，具有强大的网络功能。Java 通过面向对象的方法，隐藏了网络通信程序中的一些细节，为用户提供了平台无关的接口。在网络通信中，Java 不仅提供了面向连接和无连接数据报的底层通信，而且还提供了高层服务。通过 Java 提供的网络功能，可以以流的方式来进行网络数据的传输，而不需要关注网络传输的细节问题。故有人称 Java 语言为"网络上的世界语"，它的出现是网络时代的一次革命。

　　客户/服务计算模式简称为 C/S 计算模式或 C/S 模式。客户/服务模型把网络应用程序划分成两部分：即客户端部分和服务器部分。网络连接的客户端向服务器方请求信息和服务，服务器方响应客户方的请求。在学习 Internet 上开发 Web 应用之前，先了解用 Java 开发一般的客户/服务(Client/Server)编程是十分必要的。因为浏览器和 Web 服务器通信工作模式正是一种 C/S 计算模式的特例，在这里，浏览器是 Client，而 Web 服务器是 Server，它们采用的通信端口是 80。Web 应用正是建立在这种特殊的计算模式基础上的。

　　与客户程序不同的是，服务器程序由于提供服务的需要，必须先启动，然后等待接收客户端发来的请求并作处理，因此，服务器程序必须始终处于运行状态，并能提供高性能的并发处理要求。在 Internet 上，一台主机是服务器还是客户机主要是看这台主机上运行的是服务器程序、还是客户程序。当然，在同一台主机上有时也可同时运行几个服务器程序和几个客户程序。Internet 提供了多种类型的应用服务，尽管各种服务在功能和使用上有着明显的差别，但它们都遵循着客户/服务工作模式。下面将介绍用 Java 语言进行 C/S 网络程序设计。

3.2.1 Java 网络程序设计概述

计算机网络就是利用通信线路连接起来的、相互独立的计算机的集合。为了保证网络上的计算机之间进行正常的通信,所有的计算机必须遵循一定的规则:计算机之间的信息交换方式、秩序以及具体的技术参数所做出的规定,这就是我们在前面介绍过的计算机网络通信协议。

Internet 的通信协议是 TCP/IP 协议。它表示的是一个协议集合,称为 TCP/IP 协议簇。由一系列相互补充、相互协作的协议组成,如图 3.4 所示。

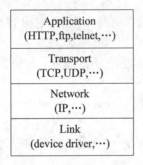

图 3.4 TCP/IP 协议簇

TCP 是一种面向连接的保证可靠传输的协议。通过 TCP 协议传输,得到的是一个顺序的无差错的数据流。发送方和接收方在两个 socket 之间建立连接。当一个 socket(通常都是 server socket)等待建立连接时,另一个 socket 可以要求进行连接,一旦这两个 socket 连接起来,它们就可以进行双向数据传输,双方都可以进行发送或接收操作。TCP 在网络通信上有极强的生命力,例如远程连接(Telnet)和文件传输(FTP)都要求不定长度的数据被可靠地传输。

UDP 是一种无连接的协议,每个传送的数据报都是一个独立的信息,包括完整的源地址或目的地址,它在网络上以任何可能的路径传往目的地,因此能否到达目的地,到达目的地的时间以及内容的正确性都是不能被保证的。

TCP 在网络通信上有极强的生命力,通常用于高可靠性要求的 Client/Server 应用程序中。但可靠的传输是要付出代价的,对数据内容正确性的检验必然占用计算机的处理时间和网络的带宽,因此 TCP 传输的效率不如 UDP 高。UDP 不要求高可靠性,但许多应用中并不需要保证严格的传输可靠性,比如视频会议系统,并不要求音频、视频数据绝对的正确,只要保证连贯性就可以了,这种情况下显然使用 UDP 会更合理一些。

要了解 TCP/IP 的详细内容,请查阅相关的资料,在此不做详述。

在 Internet 上,我们用 Java 书写的通信程序通常在应用层运行,它们通常使用下层的 TCP 或 UDP 协议进行通信。通常,我们不需要关心网络下层的通信细节。

网络程序设计的目的就是直接或间接地通过网络协议与其他计算机进行通信。也就是在 TCP/IP 协议基础上实现应用层。网络编程中有两个主要的问题,一个是如何准确的定位网络上一台主机,另一个就是找到主机后如何可靠高效的进行数据传输。

Java 网络编程使用包 java.net 中的类就能编写网络通信程序,这些类提供了独立于系统平台的通信机制。

目前较为流行的网络编程模型是客户/服务结构,简称为 C/S 计算模型。这种计算模型呈现下列特征:

(1)客户是指连接到一个服务器并请求服务的程序。

(2)客户在需要服务时向服务器提出请求。

(3)服务器是运行在一台机器上并在某个端口进行监听、等待其他程序连接的程序。

(4)服务器一般作为守护进程始终运行,监听网络端口,一旦有客户请求,就会启动一个服务进程来响应该客户,同时服务器继续监听服务端口,使后来的客户也能及时得到服务。

(5)服务器通常以并发方式为多于一个的连接程序(客户)提供服务,服务器编程要求具有多线程机制。

与其他语言相比,Java 网络编程更易于理解,也更容易。用 Java 编写 C/S 程序呈现下列特征:

(1)为了使用 Java 在 Internet 进行 C/S 编程,一个客户程序首先要和一个服务程序建立连接(connection)。

(2)连接的两端绑定一个套接字(socket),两端程序借助套接字通信,客户程序和服务程序通过读写套接字完成通信。

(3)一台服务器可以同时提供多个不同服务,不管该服务是连接的(TCP),还是非连接的(UDP)。

3.2.2 Java.net 包

Java.net 包提供低级的和高级的网络功能,它包含了大部分用于访问网络资源的类。

在 java.net 包中,针对基于 UDP 协议的通信应用,提供了下列类来进行网络编程:使用类 DatagramPacket、DatagramSocket 和 MulticastSocket 完成基于 UDP 协议的通信应用,其内容本章不做介绍。

在 java.net 包中,针对基于 TCP 协议的通信应用,提供了下列类来进行网络编程:

方法 1. 使用 URL 类。URL 类是 Java 网络功能中最高级的一种,通过 URL 类,Java 程序可以直接送出或读入网络上的数据。

方法 2. 使用 Socket 类和 ServerSocket 类完成基于 TCP 协议的通信应用。

一个服务器可以同时提供多个不同服务,不管该服务是连接的(TCP),还是非连接的(UDP),如图 3.5 所示。

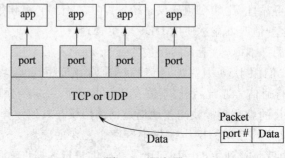

图 3.5 服务器

3.2.3 使用 URL 类完成基于 TCP 协议的通信应用

URL 类表示了一个标准的资源标识，它是 Web 上关于资源地址的标准格式。一个 URL 中说明了应该从什么地方查找所需要的信息，一旦产生了一个 URL 对象，就可以利用 URL 类中的方法来得到存放在那里的信息。

URL 对象有以下 4 种创建方法：

  public URL(String protocol,String host,int port,String file)throws MalformedURLException
  public URL(String protocol,String host,String file)throws MalformedURLException
  public URL(String spec)throws MalformedURLException
  public URL(URL context,String spec)throws MalformedURLException

其中，参数如下所示：

  String protocol：协议名
  String host：主机名
  int port：端口
  String file：文件名
  String spec：URL 的字符串构造器

现举实例如下：

  URL url=new URL("http","www.sohu.com",80,"myfile.text");
  URL url=new URL("http","www.sohu.com","myfile.text");
  URL url=new URL("http://www.sohu.com");
  URL url=new URL(getCodeBase(),"myfile.text");

类 URL 的主要方法：

public String getProtocol()获取该 URL 的协议名。

public String getHost()获取该 URL 的主机名。

public int getPort()获取该 URL 的端口号,如果没有设置端口,返回-1。

public String getFile()获取该 URL 的文件名。

public String getRef()获取该 URL 在文件中的相对位置。

public String getQuery()获取该 URL 的查询信息。

public String getPath()获取该 URL 的路径。

public String getAuthority()获取该 URL 的权限信息。

public String getUserInfo()获得使用者的信息。

public final InputStream openStream()返回可用于读取的输入流。

类 URL 提供了一种相对高级的访问 Internet 资源的方法。类 URL 中通过下面的构造方法来初始化一个 URL 对象。例如：

  public URL(String protocol, String host, int port, String file);
  URL u=new URL("http", "www.hnust.edu.cn",80,"Pages/network.html");

类 URL 的构造方法都按异常(MalformedURLException)处理声明,因此生成 URL 对象时,格式如下:

```
try{ URL myURL= new URL(……)
}catch (MalformedURLException e){
    ……
    //exception handler code here
    ……
}
```

[例 3.4] UrlTest.java 给出了这些方法的例子。

```
import java.net.*;
import java.io.*;
/** Read a URL from the command line, then print
 * the various components.
 */
public class UrlTest
{
    public static void main(String[] args)
    {
        if (args.length == 1)
        {
            try {
                URL url = new URL(args[0]);
                System.out.println("URL:" + url.toExternalForm()+ "\n" +
                    " File:" + url.getFile()+ "\n" +
                    " Host:" + url.getHost()+ "\n" +
                    " Port:" + url.getPort()+ "\n" +
                    " Protocol:" + url.getProtocol()+ "\n" +
                    " Reference:" + url.getRef());
            } catch(MalformedURLException mue){
                System.out.println("Bad URL.");
            }
        } else
            System.out.println("Usage:UrlTest <URL>");
    }
}
```

[例 3.5] URLReader.java 通过 URL 读取 Web 服务器上的文件数据。

```
import java.net.*;
import java.io.*;
public class URLReader
{
    public static void main(String[] args)throws Exception
```

```
    {
        URL hnust = new URL("http://www.hnust.edu.cn/Web_Xygk.asp");
        BufferedReader in = new BufferedReader(new InputStreamReader(hnust.openStream()));
        String inputLine;

        while ((inputLine = in.readLine())!= null)
            System.out.println(inputLine);
        in.close();
    }
}
```

前面介绍的是怎样获取 Web 服务器上的资源信息。不仅如此,使用类 URLConnection 还能实现 Server 与 Client 双向通信,步骤如下:

1. 建立连接

```
URL url=new URL("http://www.yahoo.com/");
URLConnection con=url.openConnection();
```

2. 客户程序向服务器端送数据

```
PrintStream outStream=new PrintStream(con.getOutputStream());
outStream.println(string_data);
```

3. 客户程序从服务器读数据

```
DataInputStream inStream=new DataInputStream(con.getInputStream());
inStream.readLine();
```

因为使用类 URLConnection 实现 Server 与 Client 双向通信效率不如下面介绍的基于 Socket 编程,因此,具体例子不做介绍。

3.2.4　基于 Socket(套接字)的低层次 Java 网络编程

更多的时候,我们采用较低级的通信方式来编写我们的通信应用程序。基于 Socket 编程比基于 URL 类的网络编程提供了更强大的功能和更灵活的控制。

利用 Socket(套接字)来编写 Java 网络程序,最重要的类就是 Socket 类,它是构造网络程序模块的基础,它可以实现程序间的一个双向的面向连接的通信。

java.net 包提供两个类——Socket 类和 ServerSocket 类。Socket 类用于客户端,ServerSocket 类用于服务端。

Socket 连接是一个点对点的连接,在建立之前,必须有一方在监听,另一方请求,一旦 Socket 套接字建立以后,就可以实现数据之间的双向传输。下面是几个相关的概念。

绑定:基于 TCP/IP 协议进行通信的服务和客户程序是通过一个称为"Socket 套接字"的通信点来进行连接和通信的,服务/客户双方必须将 Socket 对象"bind 绑定"在一指定的 IP

上,并指明在哪一个"port 端口"上提供服务,如图 3.6 所示。

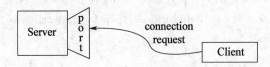

图 3.6　Client 向 Sever 发出连接请求

连接:服务器使用"accept"方法侦听呼叫、等待连接、接受客户请求。若无客户呼叫,则服务器会自动阻塞,直到接收到来自客户的连接请求而被唤醒,accept 的后续程序才会继续执行。

通信:可利用 Socket 提供的"I/O 流方法"来传递和接收数据。

释放:双方通信完毕后,都须调用"close 方法"拆除连接、释放资源。

建立 Socket 对象有下面 4 种方式:

　　public Socket(String host,int port)throws UnknownHostException,IOExcetpion
　　public Socket(InetAddress address,int port)throws IOExcetpion
　　public Socket(String host,int port,InetAddress localAddr,int localPort)throws IOExcetpion
　　public Socket(InetAddress address,int port,InetAddress localAddr,int localPort)throws IOExcetpion

其中,参数如下所示:

　　String host:主机名
　　int port:主机监听端口
　　InetAddress address:主机地址
　　InetAddress localAddr:本地地址
　　int localPort:本地端口

建立好 Socket 连接后,就可以实现 Socket 之间的数据传输,但 Socket 类本身并没有提供关于发送数据和接收数据的方法,它仅仅提供返回输入和输出流的方法,用户在得到 Socket 的输入和输出的流对象后,就可以充分利用 java.io 包中流的丰富方法来实现数据之间的传输。

可以通过调用如下方法来得到 Socket 对象的输入流:

　　public InputStream getInputStream()throws IOException

可以通过调用如下方法来得到 Socket 对象的输出流:

　　public OutputStream getOutputStream()throws IOException

下面是 Socket 类的常用方法:

　　public InetAddress getInetAddress()

返回 Socket 连接的 InetAddress 类对象。

　　public InetAddress getLocalAddress()

返回本地的 InetAddress 类对象。

public int getPort()

返回 Socket 的端口号。

public int getLocalPort()

返回 Socket 的本地端口号。

public InputStream getInputStream() throws IOException

得到 Socket 的输入流。

public OutputStream getOutputStream() throws IOException

得到 Socket 的输出流。

创建客户端 Socket 的过程：

```
try{ Socket socket=new Socket("127.0.0.1",4700);
    //127.0.0.1 是 TCP/IP 协议中默认的本机地址
}catch(IOException e){
    System.out.println("Error:"+e);
}
```

创建 Server 端 ServerSocket 的过程：

```
ServerSocket server=null;
try { server=new ServerSocket(4700);
    //创建一个 ServerSocket 在端口 4700 监听客户请求
}catch(IOException e){
    System.out.println("can not listen to:"+e);
}
Socket socket=null;
try {
    socket=server.accept();
    //accept()是一个阻塞的方法,一旦有客户请求,它就会返回一个 Socket 对象用于同客户进行交互
}catch(IOException e){
    System.out.println("Error:"+e);
}
```

3.2.5　服务器程序的编写

C/S 模式显然是一种比较可靠的通信模式。这种模式首先创建一个 Socket 类,利用这个类的实例来建立一条可靠的连接,然后,客户端和服务器再通过这个连接传递数据,由客户端发送传输数据请求,服务器监听来自客户端的请求,并为客户端提供相应的服务。

在 C/S 工作模式中,需要定义一套通信协议,客户端和服务器都要遵循这套协议来实现一定的数据交换。在数据交换的过程中,指令由一台计算机传送到另一台计算机,处于监听状态的机器一旦监听到该指令,则根据指令做出必要的反应(例如,从数据库中提取合适的数据

并进行处理)随即将相应的数据返回客户端,这种工作模式就是典型的"请求—应答"工作模式,它包含有很多步骤,每一个步骤都有很多个应答选项。

下面是客户端/服务器的一个典型的运作过程:
(1)服务器监听相应端口的输入。
(2)客户端发送一个请求。
(3)服务器接收到该请求。
(4)服务器处理该请求。
(5)服务器返回处理请求结果到客户端。

服务器程序编写过程:

服务器类中首先需要用到的是 java.net 包中的网络类。同时需要监听指定端口并接收从客户端所发送过来的信息,将经过处理的数据返回到客户端。这样,就需要用到输入/输出流 java.io 包,因此需要输入以下两个类包:

```
import java.net.*;
import java.io.*;
```

设服务器类名为 CS_Server,同时可以将其作为一个单独的线程来执行,也就是说可以将该类从 Thread 类继承或者实现 Runnable 接口。

下一步在变量定义中可以定义用来监听用户连接的 ServerSocket 类对象和执行监听端口,该变量值作为默认的端口值:

```
int port=8888;
ServerSocket serverSocket=null;
```

在服务器类的构造函数中,需要实例化服务器监听 Socket 对象在指定端口用来监听客户端的连接。

```
public CS_Server()
{
    try
    {
        serverSocket=new ServerSocket(port);
    }
    catch(Exception e)
    {
        System.out.println(e.toString());
    }
}
```

然后在线程服务器类的 run()方法中实现对客户端的监听。利用 ServerSocket 类对象的 accept()方法,如果没有客户端建立连接的话,则线程堵塞在该方法执行的地方,直到有一台新的客户端与该服务器在指定端口建立连接,实例化一个用来和客户端进行通信的线程类 UserThread,然后再循环调用 ServerSocket 对象的 accept()方法等待新的客户端建立连接。

也就是说,对于每一个建立的连接都单独建立一个通信线程类来和客户端进行通信。然后实现主函数的启动,同时指定服务器监听端口为 6666。

服务器程序的编写步骤:

(1)服务器监听相应端口的输入。
(2)当接收到客户机一个请求时,创建一个新线程从套接字读取数据。
(3)服务器处理该请求。
(4)服务器返回处理请求结果到客户机。
(5)服务器重新监听相应端口的输入。

服务器程序 CS_Server.java 编写如下:

```java
import java.net.*;
import java.io.*;

public class CS_Server extends Thread{
int port=8888;//缺省端口
ServerSocket serverSocket=null;//用类 ServerSocket 定义服务器套接字

    public CS_Server(int port){ //不使用缺省端口的构造函数
      try{
          if(port<=1024)return;//1024 以下为系统端口
      this.port=port;
          serverSocket=new ServerSocket(port);//指定服务端口
      } catch(Exception e){ System.out.println(e.toString()); }
}

    public void run(){
      try{
      Socket socket=null;//服务程序用类 Socket 定义通信套接字
      while(true){
        socket=serverSocket.accept();//用套接字的 accept 方法侦听网卡
        ServerThread userThread=new ServerThread(socket);//创建用户对象
        userThread.start();//创建线程运行子程序 ServerThread 的方法 run()
      }
      } catch(Exception e){ System.out.println(e.toString()); }
}

    public static void main(String[] args){
        CS_Server server=new CS_Server(12345);//该服务以 12345 为端口
        System.out.println("Server start…");
        server.start(); //创建一个线程,该线程调用 run 方法
    }
}
```

服务程序子程序 ServerThread.java 编写如下：

```java
//服务程序子程序 ServerThread.java
import java.io.*;
import java.net.*;

public class ServerThread extends Thread{
    protected DataInputStream inStream;
    protected DataOutputStream outStream;
    protected Socket socket;

    public ServerThread(Socket socket){
        try{
            this.socket=socket;
            //创建一个输入对象 inStream,创建一个输出对象 outStream
            inStream=new DataInputStream(socket.getInputStream());
            outStream=new DataOutputStream(socket.getOutputStream());
        } catch(Exception e){ System.out.println(e.toString()); }
    }

    public void run(){
        String str=null;
        try{
            while(true){
                str=inStream.readUTF();//从套接字读来自客户端的数据
                dataProcess(str);//自定义函数:处理接受到的字符
            }
        } catch(Exception e){System.out.println(e.toString()); }
        finally{
            try { socket.close(); }
            catch(IOException e1){ System.out.println(e1.toString());}
        }
    }

    public void dataProcess(String msg){//服务器把接收到的数据回送给客户机
        try{
            String newMsg;

            //在服务器上显示接收到的数据
            System.out.println("服务器接收到客户请求数据――"+ msg);
            newMsg="欢迎连接到服务器,你上次传来的数据是:"+ msg;
            outStream.writeUTF(newMsg);// 送数据给客户机
        } catch(IOException e){System.out.println(e.toString());}
    }
}
```

3.2.6 客户端程序的编写

客户端程序的编写过程与服务器程序的编写过程大体相同。首先需要导入 java.net 包和 java.io 包,实现客户端类,并将该类从线程类 Thread 继承。与服务器程序不同的是,客户端不用实例化监听线程来监听用户接入建立 Socket 连接,而只需要向服务器主机和端口发送建立 Socket 连接的请求,因此在 CS_Client 类的属性定义中需要定义服务器主机地址和端口两个变量,同时应该允许用户重新指定服务器地址和端口号。下一步需要实现的就是向指定的服务器和端口号请求建立 Socket 连接,得到建立好的 Socket 对象后,就可以同服务器程序一样实例化通信线程 UserThread 对象,同时完成启动主方法 main()。

客户程序的编写步骤:
(1) 打开一个 socket。
(2) 对 socket 打开一个输入流和输出流。
(3) 按服务程序的要求从 stream 中读数据或写数据。
(4) 关闭该 streams。
(5) 关闭该 socket。

客户程序 CS_Client.java 的编写如下:

```
import java.io.*;
import java.net.*;

public class CS_Client{
    String hostIP="127.0.0.1";   //指本机 IP 地址
    int port=8888;               //缺省端口值
    Socket socket=null;          //客户程序用类 Socket 说明套接字

    public CS_Client(String hostIP,int port){//改变缺省端口值的构造方法
        try{this.hostIP=hostIP;
            this.port=port;
            this.socket=new Socket(hostIP,port);
            ClientThread userThread=new ClientThread(socket);
            userThread.start();//创建线程,运行子程序 ClientThread 的方法 run()
        }catch(Exception e){System.out.println(e.toString());}
    }

    public static void main(String[] args){
        System.out.println("Client start…");
        //指定服务器主机名,也可以为 IP 地址,指定端口为 12345
        CS_Client client=new CS_Client("127.0.0.1",12345);
    }
}
```

客户程序的子程序 ClientThread.java 如下：

```java
//客户程序的子程序 ClientThread.java
import java.io.*;
import java.net.*;

public class ClientThread extends Thread{
    protected DataInputStream inStream;
    protected DataOutputStream outStream;
    protected Socket socket;

    public ClientThread(Socket socket){
        try {
            this.socket=socket;//建立通信套接字

            //定义接收数据的对象 inStream,发送数据的对象 outStream
            inStream=new DataInputStream(socket.getInputStream());
            outStream=new DataOutputStream(socket.getOutputStream());
        } catch(Exception e){ System.out.println(e.toString()); }
    }

    public void run(){
        String str=null;
        try {
            outStream.writeUTF("我是 Client!");//通过套接字向服务器发送信息
            while(true){
                str=inStream.readUTF();//从套接字读服务器传来的数据
                dataProcess(str);
            }
        } catch(Exception e){ System.out.println(e.toString()); }
        finally {
            try {
                socket.close();
            } catch(IOException e1){System.out.println(e1.toString());}
        }
    }

    public void dataProcess(String msg){ //处理接收到的数据
        System.out.println("客户机接收到服务器反馈数据－－"+msg);
    }
}
```

两个程序运行在一台机器上的运行结果如图 3.7 所示。

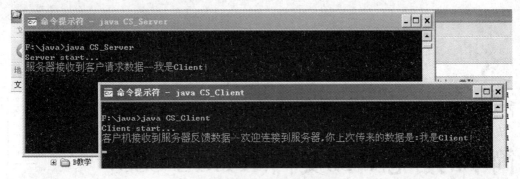

图 3.7 Client/Sever 程序通信

实际应用中,可以修改客户/服务程序的通信过程,主要是修改 dataProcess()方法。

上面系统地介绍了客户/服务编程的过程。运行时,必须先启动 CS_Server,再启动 CS_Client。如果客户端程序与服务器程序分别运行在网络不同的机器上,应将服务器的 IP 地址"127.0.0.1"修改为服务器真实的 IP 地址。

第4章 简单的静态Web文档(HTML/CSS)

了解了作为 Web 通信基础的 Internet 的一些基础知识之后,我们可以开始学习创建静态的 Web 网页了。网页文件其实是一种带有各种各样显示控制标记的文本文件,经浏览器解析后生成各式各样栩栩如生的 Web 页面。

用户在客户端通过浏览器来查看从 Web 服务器返回的信息。浏览器之所以能够理解从服务器返回的信息,是因为浏览器能够解析 Web 服务器返回信息所采用的语言——HTML语言。下面先学习创建静态 Web 网页的 HTML 语言,再介绍 CSS 样式表。

4.1 HTML 语言

4.1.1 用 HTML 创建一个简单的 Web 网页文件

尽管可扩展标注语言(eXtensible Markup Language,XML)正被迅速地运用于业界,它已作为以写平台、语言和协议无关的格式描述和交换数据的广泛应用标准。但作为 XML 的基础 HTML(HyperText Markup Language,超文本标记语言)仍然是用于创建基于 Web 的表示内容的最常用方法。下面介绍如何使用 HTML 创建网页文件。需要指出的是,HTML 不是一种编程语言,而是一种含有一套语法规则的文本标记语言。尽管市场上有众多帮助用户制作 Web 网页文件的工具,如 FrontPage、Dreamweaver 等,但要想从本质上了解 Web 网页文件的组织结构和基本框架,掌握基本的 HTML 语法是十分必要的,因此,下面将利用有限的篇幅来介绍 HTML 的基本语法。

HTML 提供了固定的预定义元素集,用户可以使用它们来标记一个典型、通用的 Web 网页的各个组成部分。预定义元素的例子有标题(Heading)、段落(Paragraph)、列表(List)、表格(Table)、图像(Image)和链接(Link)等。

下面用 HTML 编写一个文件名为 test1.html 的 Web 网页文件,可以使用任何一个文本编辑器录入下列示例网页文件并存盘(比如存放在 E:\sample 目录下),我们从这个简单的示例开始学习 HTML 的基本语法。

[例 4.1]　文件 test1.html 代码清单如下,生成的 Web 页面如图 4.1 所示。

```
<!－－ This is my first HTML document －－>
<HTML>
  <HEAD>
    <TITLE>简单的 HTML 文件 test1 的标题</TITLE>
  </HEAD>
  <BODY BGCOLOR="#c0c0c0" TEXT="#000000" LINK="#0000ff" VLINK="#ff0000" ALINK="ff0000">
    <H1>这里放个子标题,H1 字体</H1>
    欢迎进入全球资讯网！
    这是正文第一段落的结束。<P>
    <H2 ALIGN=center>这里是 H2 字体！！</H2>
    <H3 ALIGN=left> 这里是 H3 字体！！！</H3>
    <H4 ALIGN=right> 这里是 H4 字体！！！！</H4>
    <H5>这里是 H5 字体！！！！！</H5>
    <H6>这里是 H6 字体！！！！！！</H6>
  </BODY>
</HTML>
```

浏览器测试一个 Web 网页文件并不一定要将其放到 Web 服务器的发布目录上,可以从本机硬盘上调出该网页文件来进行 Web 页面的显示。本例中,在浏览器的 URL 栏内输入:

　　file://E:\sample\test1.html

上述 Web 网页文件经浏览器解释后即可生成 Web 页面。

上述例子的第一行为注释行,HTML 注释以"<!"字符开始并以">"结束,可在注释区间插入由任意字符组成的文本。与绝大多数编程语言的注释功能相似,注释只在源网页文件中可以看到,而浏览器不予解释和显示。从上述例子中可以看出,一个 Web 网页文件主要包括标题和网页文件主体两部分,可用相应的"标记"来标识网页文件的标题和主体,我们称这些"标记"为 HTML 的元素。每一个 HTML 标记元素的语法一般由"<>"引出,以"</>"作结尾。例如,以标记元素<HTML>表明 Web 网页文件的开始,在文件的末尾以</HTML>作为 Web 网页文件的结束标签。当浏览器读到<HTML>这个标记元素时,会将其后的内容按照 HTML 的标准进行解释。如果文件的内容不在<HTML>和</HTML>之间,那么这些文字会被浏览器解释为一般的文本而不作任何处理。

<HEAD>标记元素表明网页文件标题部分的开始,网页文件标题部分可以包含题目和主题信息(或简介),标记</HEAD>指明网页文件标题部分的结束。

在<HEAD>和</HEAD>标记对之间,必须包含标记元素<TITLE>和</TITLE>标记对,用来设定 Web 网页题目。用户在浏览 Web 网页文件时,浏览器会把 Web 网页题目显示在窗口顶端的标题栏内。

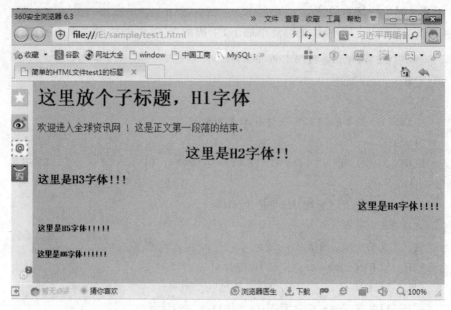

图 4.1　生成的 Web 页面

Web 网页文件中的＜BODY＞标记元素用来指明 Web 网页文件主体内容，通常包含其他标记元素，如子标题、段落、列表等，标记＜/BODY＞指明主体标记元素的结束。

＜P＞是 HTML 格式中特有的段落标记元素。在 HTML 格式里，我们不需要在意 Web 网页文件每行的宽度，不必担心文字是不是太长了而被截掉；它会根据窗口的宽度做自动转折到下一行的工作。如果没有遇到＜P＞这个符号，它就会把所有之前的文字都挤在一个段落里，不遇到窗口的边界是不会换行的。我们在原文件中的换行符，若不设标记，是会被视而不见的。

在＜BODY＞标记元素中，可以确定整个文件的背景色、前景色等基本属性。语法为：

　　＜BODY [BGCOLOR|TEXT|LINK|ALINK|VLINK|BACKGROUND]＞
　　……
　　＜/BODY＞

其中，BGCOLOR 指定页面的背景色，TEXT 指定 HTML 文件中文字色彩属性，LINK 指定 HTML 文件中待连接超链接对象色彩属性，ALINK 指定 HTML 文件中连接中超链接对象色彩属性，VLINK 指定 HTML 文件中已连接超链接对象色彩属性，BACKGROUND 指定 HTML 背景图形文件。

各色彩属性的参数值表示 RGB 值，共 6 位，每种颜色两位，取值从 00 到 FF。如红色可以表示为"ff0000"，黄色可以表示为"00ff00"，蓝色可以表示为"0000ff"，黑色可以表示为"ffffff"，白色可以表示为"000000"等。

HTML 中的标题是通过＜Hn＞标记实现的。被＜H1＞和＜/H1＞所夹在中间的文字，是 Web 网页文件里的标题。它可以标注出六个层级的标题，从＜H1＞、＜H2＞……到＜H6＞，也可以说＜H3＞是＜H2＞的子标题。差别在于标题的文字会比子标题大些、粗些、更显眼。

每遇到一个标题,当前段落就会被终止,标题前后会各留出一定的空白,文本从下一行开始。<H>的属性有 COLOR、ALIGN。分别标识标题的颜色和位置。ALIGN 可以取值 center、left、right,分别表示中对齐、左对齐、右对齐。

上面介绍的标记元素<HTML></HTML>、<HEAD></HEAD>、<TITLE></TITLE>、<BODY></BODY>是 HTML 4 个最基本的标记元素,用它们可以构成最简单的 HTML 文件:

```
<HTML>
  <HEAD>
    <TITLE>……</TITLE>
  </HEAD>
  <BODY>
  ……
  </BODY>
</HTML>
```

尽管这个 Web 网页文件在浏览器中什么都不会显示出来,但它说明了一个 Web 网页文件的基本结构。

必须指出两点:

其一,创建 Web 网页文件或称为制作网页一般并不采取上述"原始"的方法,而是借助市场上很多流行的网页制作工具软件,如 Macromedia 公司的 Dreamweaver 和微软公司的 FrontPage 等。这些 HTML 的编辑器具有"WYSIWYG"(所见即所得)的效果,这些优点大大提高了网页制作的效率。

其二,Web 网页文件制作好之后,下一步为了使全球的 Internet 用户能访问你的网页,必须将其复制到一台已接入 Internet,且安装有 Web 服务程序的计算机的信息发布子目录中。该计算机运行的 Web 服务程序可以是 IIS、Tomcat、Apache 等。当用户利用浏览器在 URL 栏针对某一 Web 服务器发出访问某网页请求时,Web 服务器接受到请求后,在信息发布子目录中找到对应的 Web 网页文件,将该文件发送给客户端浏览器作为响应。应该指出,Web 信息发布子目录的创建与计算机运行的操作系统有关,在 UNIX、Linux、Windows 下安装 Web 服务以及设置 Web 信息发布子目录的方法是不同的。

4.1.2 使用 Dreamweaver 编写 HTML 文件

使用 Dreamweaver 编写 HTML 文件,可以提高网页制作效率。在 Dreamweaver CS6 的"代码视图"中可以查看或编辑源代码。为了方便手工编写代码,Dreamweaver CS6 增加了标签选择器和标签编辑器。使用标签选择器,可以在网页代码中插入新的标签;使用标签编辑器,可以对网页代码中的标签进行编辑、添加标签的属性或修改属性值。在 Dreamweaver 中编写代码的具体操作步骤如下:

(1)开启 Dreamweaver CS6 软件,新建空白文档,在"代码视图"中编写 HTML 代码,如

图 4.2 所示。

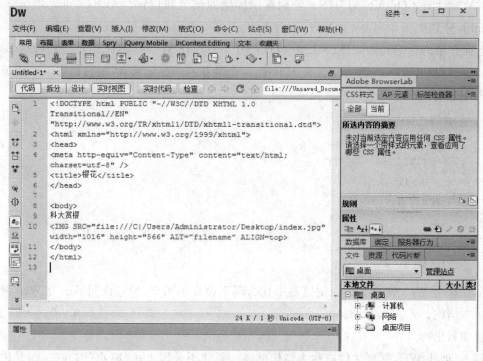

图 4.2 编写 HTML 代码

(2)在 Dreamweaver 中编辑完代码后,返回到"设计视图"中,效果如图 4.3 所示。

图 4.3 设计视图

(3)执行"文件"|"保存"命令,保存文档,即可完成 HTML 文件的编写。

4.1.3 HTML 的段落级标记元素

下面列出另外的一些比较有用的文本块级标记元素。

1. 字体变化

HTML 中的字体变化参数可供用户在变化字体时进行多种选择,各种字体的标记元素如表 4.1 所示。

表 4.1 各种字体的标记元素表

标记元素	功能说明	范例
<B>	粗体	<B>粗体字</B>
<I>	斜体	<I>斜体字</I>
<BLINK>	闪烁	<BLINK>闪烁字体</BLINK>
<STRIKE>	中线	<STRIKE>中线</STRIKE>
<SUB>	下标	_{下标字体}
<SUP>	上标	^{上标字体}
<ADDRESS>	地址格式	<ADDRESS>地址字样</ADDRESS>
<PRE>	预设字体	<PRE>预设字体</PRE>

<PRE>标记元素可以做一些特殊的格式处理,如一般的 HTML 格式在起始时不可空白,字与字之间最大空一个空格,利用预设字体的指令可以打破这个规定。

2. <HR>水平线标记元素

该元素不需要以</HR>结尾,它会画出一条分隔线分隔出标记元素以上部分和以下部分。

3. 列表标记元素

HTML 提供文字的列表显示以提高网页的可读性,HTML 有以下 3 种列表:
(1)无序号列表<UL>(Unordered lists)。
(2)有序号列表<OL>(Ordered lists)。
(3)定义式列表<DL>(Define lists)。
下面分别介绍这些列表的形式和功能。
1)无序号列表
先说明列表的种类<UL>,然后在每一行文字前加上<LI>,最后加上列表结束符</UL>。例如:

```
<UL>
  <LI> apples
  <LI> bananas
</UL>
```

输出如下:

    apples

    bananas

2) 有序号列表

方法跟前者相似,先说明种类<OL>,再加上<LI>于各项之首,最后加上列表结束符</OL>。例如:

    <OL>
        <LI> oranges
        <LI> peaches
        <LI> grapes
    </OL>

输出效果如下:

    1. oranges

    2. peaches

    3. grapes

3) 定义式列表

定义式的列表其叙述主题比叙述的部分凸前,为独立的一行。叙述的部分被视为一长串文字并会自动换行对齐。先标记<DL>,叙述主题放在<DT>的后面,叙述放在<DD>后面,最后以</DL>结尾。

[例 4.2] 文件 test2.html。

    <HTML>
    <BODY>
    <DL>
        <DT> 作者介绍
        <DD> 柳宗元(773—819 年),字子厚,唐代河东(今山西运城)人,杰出诗人、哲学家、儒学家乃至成就卓著的政治家,唐宋八大家之一。著名作品有《永州八记》等六百多篇文章,经后人辑为三十卷,名为《柳河东集》。因为他是河东人,人称柳河东,又因终于柳州刺史任上,又称柳柳州。柳宗元与韩愈同为中唐古文运动的领导人物,并称"韩柳"。在中国文化史上,其诗、文成就均极为杰出,可谓一时难分轩轾。
        <DT> Cornell Theory Center
        <DD> CTC is located on the campus of Cornell University in Ithaca, New York. CTC is another member of the National Metacenter for Computational Science and Engineering.
    </DL>
    </BODY>
    </HTML>

输出效果如下:

作者介绍

柳宗元(773—819年),字子厚,唐代河东(今山西运城)人,杰出诗人、哲学家、儒学家乃至成就卓著的政治家,唐宋八大家之一。著名作品有《永州八记》等六百多篇文章,经后人辑为三十卷,名为《柳河东集》。因为他是河东人,人称柳河东,又因终于柳州刺史任上,又称柳柳州。柳宗元与韩愈同为中唐古文运动的领导人物,并称"韩柳"。在中国文化史上,其诗、文成就均极为杰出,可谓一时难分轩轾。

Cornell Theory Center

CTC is located on the campus of Cornell University in Ithaca, New York.

CTC is another member of the National Metacenter for Computational Science and Engineering.

4. 特殊字符

在 ASCII 码中,有四个字符:大于">"、小于"<"、"&"和引号本身被当作 HTML 格式中的控制码,所以要在屏幕上显示出这 4 个字符,必须配合其他表示法。

&lt   在屏幕上会是 <
&gt   在屏幕上会是 >
&amp   在屏幕上会是 &
&quot   在屏幕上会是 "

4.1.4 HTML 的文本级标记元素

1. 超文本链接

超文本链接(Hypertext Links)包括从最简单的同一个目录下的文件链接,到链接图像、声音、视频,甚至链接到其他站点的主页。

1) 转至另一 Web 网页文件

Web 网页文件的另一个特色,就是在 Web 网页文件间任意地跳转。既可以跳到另外一台机器上的文件,也可以跳到 Web 网页文件的另一个段落或本机的另一片 Web 网页文件。下面的例子从当前 Web 网页文件链接到湖南科技大学的主页。

```
Click here to link
<A HREF="http://www.hnust.edu.cn">
  Link to 湖南科技大学
</A>
```

这表示"Link to 湖南科技大学"会变色并加下划线出现在浏览器中,当鼠标移到上面时,鼠标会从箭头转成手形,用鼠标按一下,就会跳转到湖南科技大学的主页。上例中只要把目的地赋给 HREF 就可以了,HREF 的参数就是 URL。

例如,想连接 HTML 的英文简介,可以写成下面这样:

```
<A HREF="http://www.ncsa.uiuc.edu/General/Internet/WWW/HTMLPrimer.html">
  NCSA's HTML Primer
</A>
```

2）跳转至本 Web 网页文件的另一个段落

除了跳到另一个 HTML 文件，也可以在一篇 Web 网页文件内随心所欲地跳转。首先看看它在""引号中的表示方式。

<A HREF="#clients"> Jump to Clients </A>

Jump to Clients 会变色加上底线并连接到一篇 Web 网页文件中有标注<A NAME="clients"> Clinets </A>的地方。如果这两个标注是在不同的文件内，则表示方法有点儿改变。若 Jump to Clients 在 A 网页文件，而 Clients 在 B 网页文件中，则要改成

<A HREF="filenameB#clients"> Jump to Clients </A>

这样一来，当在 A 网页文件中单击 Jump to Clients 时就会跳到 B 网页文件的 Clients 这个字的位置，而不是 B 网页文件中的其他地方。

2．在页面中插入图像

浏览器可以直接在文件上显示 JPG、GIF 等格式的图像。每个图像都需要较长时间来显现，从而加长了整个 Web 网页文件显现的时间。为了显示一幅图像 filename.gif，标记元素<IMG SRC>表示方法如下：

<IMG SRC="filename.gif">

IMG 标记元素有两个重要属性：ALIGN 和 ALT。

在显示图像之前，由于传输速度的因素，需要一段时间之后才能看到图像，这时可以加上一个参数，让用户可以先看到代表它的文字叙述。用法如下：

<IMG SRC="filename.gif" ALT="filename">

除了将图像放在 Web 网页文件中外，HTML 还提供文字绕图这种类似排版的功能，也就是一段文字可以围绕在图像的右边、左边，或者简单地将文字对齐到图像的上边、下边和中间，使主页具有多样性。若未加特别注解，此段的文字"文字向上对齐"会被置于图形的下面。例如：

<IMG SRC="filename.gif" ALT="filename" ALIGN=top>这是文字向上对齐

若想要文字置于图形的上面，就得加上 ALIGN=top 的参数。ALING 的参数有 top、middle、bottom、left 和 right 表示文字在图像周围的位置。

当图像很大，或是让读者选择性的看图时，可以做一个链接（link），从一段文字或一个小图跳转到另一个新的图形窗口（另一个文件），引导读者自己决定是否看这个图片。表示方法如下：

<A HREF="filename.GIF">link anchor</A>

图像的格式可以是 GIF、TIFF、JPEG 格式。

3．在页面中插入音频和视频

常见的音频文件的格式有 AU、WAV、AIFF 和 SND。音频文件的采集可以是从 CD 上下载也可以通过软件转录。一般音频文件都很大，如改用 8 位单声道的会大大减小音频文件的大小。在 Web 中加入音频文件的方法非常简单，只要把 HREF 指定的 URL 写上相应的音频文件名就可以了。例如：

<A HREF="olivierh.au">Test of Sound </A>

视频的加入和音频类似,例如:

<A HREF="test.mpeg">Test of Video </A>

无论音频信息还是视频信息都要求用户端有相应的应用程序可以播放这些信息。这些程序或是嵌入浏览器(插件方式)或是独立存在。在支持 java 的浏览器中也可以实现音频和视频信息的播放而不需要更多的附加软件。

4.1.5 表格制作

要在 HTML 中使用表格,应采用以<TABLE>开头,</TABLE>为结尾的标记元素,有关的栏位数据都在这两个标签中。大部分表格都有个外框,因此要在开头的标记处加一个参数 BORDER,成为<TABLE BORDER>。无外框的表格就好像留些空白一样将数据栏定义出来,而不以框线突现它的编排。

表格的每一行以一个<TR>标签引出,同样以</TR>结尾,在该行中以<TD>加上</TD>分割出一个个的栏位来,即一栏对应一对<TD>标签。下面是最简单的表格例子(test3.html):

[例 4.3] 文件 test3.html。

```
<HTML>
<BODY>
  <TABLE BORDER>
  <TR>
    <TD> 姓名</TD>
    <TD> 年龄</TD>
  </TR>
  </TABLE>
</BODY>
</HTML>
```

上面的定义会产生一个包含一行分为两栏的表格,一栏是姓名,另一栏是年龄,而且还有表框。运行结果为:

姓名	年龄

4.1.6 框架(FRAME)

从 HTML3.0 开始加入了对框架的支持,即将屏幕分割成几块,每块对应着一个 HTML 文件。各框架的链接浏览都是独立运行的。框架是通过<FRAMESET>标志元素定义的。其格式如下:

<FRAMESET ROWS="…">
  <FRAMESET COLS="…">

```
<FRAME SRC="filename.html" ATTRIBUTE=ARGUMENT>
……
</FRAMESET>
```

主要属性含义：

参数 SCROLLNG 的取值为 no/yes(default is yes)表示是否允许滚屏。

参数 NAME 的取值为框名，自定义。

参数 NORESIZE 表示用户不能任意调整框的大小。

ROWS 和 COLS 是分别指明如何分割屏幕。引号内可以用百分数表示各框架所占屏幕比例，也可以直接指明大小(用 pixel 值)。"＊"表示均分。<FRAMESET>可以嵌套。SRC 属性指出各框架所对应的 HTML 文件。

下面是一个简单的例子(test4.html，注意不要加<BODY>标记)。

[例 4.4] 文件 test4.html。

```
<HTML>
  <HEAD>
    <TITLE>人员查询</TITLE>
  </HEAD>
  <FRAMESET ROWS="40%,60%">
    <FRAMESET COLS="15%,85%">
      <FRAME SRC="test3.html" SCROLLING="no" NORESIZE>
      <FRAME SRC="test1.html" NAME="main" NORESIZE>
    </FRAMESET>
    <FRAME SRC="test2.html">
  </FRAMESET>
</HTML>
```

输出结果如图 4.4 所示。

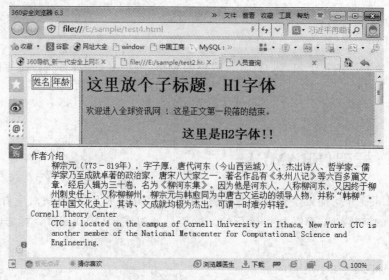

图 4.4 例 4.4 运行结果

4.2 CSS 样式表

4.2.1 CSS 简介

CSS(Cascading Style Sheets,级联样式表)样式是 HTML 的扩展,可把页面显示样式与显示内容分开。当网站显示风格需要更新时,只要更改 CSS 样式就可以了,从而简化了网站维护更新的工作。

在 HTML 网页的代码中,网页要展示的样式是在标记内设定的。例如:

<h2><font color=red>你好!</h2>

"你好!"显示成红色,是由标记<font>内的属性"color"设定的。样式分散在各个标记中,所以在更改样式时,需要逐个修改各个标记中的属性。一个网站包含多个页面,有些页面需有相同的风格,例如:标题、字体、背景色等,在创建或更新时工作量会较大。

CSS 的概念是把网页展现的样式从网页中独立出来集中管理。如果需要改变网页样式,只需要改变样式设定部分,HTML 文件本身不需要更改。

由于 HTML 的功能有限,一般不能随意设计版面和编排文字,所以 W3C 公布了一套 HTML 的扩展标准 CSS,扩展了 HTML 在排版和文字式样上的功能。CSS 用于定义 Web 页面内容在浏览器中的显示方式,通过样式定义可以设定很多属性,如字号、颜色、页边距、元素在页面上的绝对位置等。

CSS 基于 HTML,它的基本语法仍然是 HTML。使用 CSS 就是将页面样式的定义与 HTML 文件分离开。建立定义样式的 CSS 文件后,可由 HTML 文档调用该样式文件,并按该样式显示。

页面的样式设定与页面内容分离后,可以把 CSS 样式信息存成独立的文件,使多个网页文件共享该样式文件;也可以把样式分类,分存于不同的文件。例如:分为编排样式文件、字体样式文件、颜色样式文件等,把多个样式文件套用在一个网页文件上。

4.2.2 CSS 定义

CSS 的基本语法由选择符和规则组成。定义样式的基本格式是:

选择符{ 规则 }

例如:

h1{color:blue;}

选择符:是样式要套用的对象,一般是 HTML 标记。如上例的选择符是 h1,选中页面标记为<h1>的内容,在 HTML 文件中<h1>…</h1>标记之间的内容将继承 h1 的全部规则。

规则:在{ }内制定规则,如上例的"color:blue;"。

语句 h1{color:blue;}的作用是:选择符是 h1 选中 HTML 文档中的 h1 标记,制定的规则是 color:blue,把页面<h1>与</h1>之间的文字全部显示成蓝色。

4.2.3 CSS 属性

CSS 支持的文字样式属性如表 4.2 所示。

表 4.2 文字样式属性

属性	功能与属性值	示例
font-family	定义字体类型	font-family:隶书
font-size	定义字体大小 ● 绝对大小: 　xx-small | x-small | small | medium | large | x-large | xx-large ● 相对大小:large | small	font-size:x-large font-size:60px font-size:160% font-size:large
font-weight	字体粗细:normal | bold | bolder | lighter | 100—900	font-weight:bold
font-variant	字体变形:normal(普通) | small-caps(小型大写字母)	font-variant:normal
font-style	字体效果 normal | italic | oblique	font-style:italic

CSS 支持的颜色和背景属性如表 4.3 所示。

表 4.3 颜色和背景属性

属 性	功能与属性值	示 例
color	定义前景色	color:red
background-color	定义背景色:颜色 | transparent(透明)	background-color:white
background-image	定义背景图像 URL	background-image:http://www.baidu.com.cn/img/fen.gif

CSS 支持的长度单位如表 4.4 所示。

表 4.4 CSS 支持的长度单位

类 型		说 明	示 例
相对	em	相对字符高度,以当前元素本身的 font-size 为参考依据	margin:4 em
	px	以像素为单位	font-size:16 px

续表

类型		说明	示例
绝对	in	英寸 1in＝2.54 cm	font-size:0.6 in
	cm	厘米	font-size:0.6 cm
	mm	毫米	font-size:6 mm
	pt	点数 1 pt＝1/72 in	font-size:40 pt
	pc	印刷单位 1 pc＝12 pt	font-size:4 pc

4.2.4 应用CSS样式的4种方式

可以有4种方法将样式表的功能加到Web页面中。

1. 直接定义HTML标记中的style属性

语法：

　　<HTML标记名称 style="样式属性1:属性值1;样式属性2:属性值2;…">

[例4.5] 直接在HTML标记中插入style属性,只能控制该处的样式。test5.html代码如下：

```
<html>
  <head>
    <title>直接定义HTML标记中的style属性</title>
  </head>
  <body>
    <h2 style="color:red;text-align:center;font-stle:italic;font-family:隶书;font-size:x-large;">
      直接定义HTML标记中的style属性应用案例</h2>
  </body>
</html>
```

2. 在HTML文档内定义内部样式表

语法：

　　<style type="text/css">
　　<!--
　　选择符A1,选择符A2,…{样式属性1:属性值1;样式属性2:属性值2;…}
　　选择符B1,选择符B2,…{样式属性1:属性值1;样式属性2:属性值2;…}
　　……
　　-->
　　</style>

CSS选择符有3种：HTML标记名称、class选择符和id选择符。它们的定义与使用如表4.5所示。

表 4.5 选择符的定义与使用

类 型	语 法	说 明	示 例
HTML	定义:标记{…}	在 HTML 文件中,所有该标记处文本都具有定义的 CSS 样式	h3{color:red}
class	定义:*.类名{…}或.类名{…} HTML 文件:<标记 class=类名>	在 HTML 文件中,所有该类名处的文本都具有定义的 CSS 样式	.am{color:red} <h3 class=am>…</h3>
class	定义:标记.类名{…} HTML 文件:<标记 class=类名>	在 HTML 文件中,所有该标记及该类名处的文本都具有定义的 CSS 样式	h3.am{color:red} <h3 class=am>…</h3>
id	定义:#标识{…} HTML 文件:<标记 id=标识>	在 HTML 文件中,所有该标识处的文本都具有定义的 CSS 样式	#am{color:red} <h3 id=am>…</h3>
id	定义:标记#类名{…} HTML 文件:<标记 id=类名>	在 HTML 文件中,所有该标识及该标记处的文本都具有定义的 CSS 样式	h3#am{color:red} <h3 id=am>…</h3>

[例 4.6] 本例说明选择符的应用,test6.html 代码清单如下:

```
<html>
<head>
<title>选择符的应用</title>
</head>
<style type="text/css">          /*定义样式*/
<!—
    h2{color:green;
       font-family:楷体;}
    .redfont{font-family:华文彩云;color:red}
    h4.bluefont{font-family:隶书;color:blue}
    #id_olivefont{font-family:楷体;color:olive}
    h4#purplefont{font-family:仿宋体;color:purple}
—->
</style>
<body>
    <h2>显示楷体绿色</h2>
    <h3 class=redfont>显示华文彩云红色</h3>
    <h4 class=bluefont>显示隶书蓝色</h4>
    <h3 id=id_olivefont>显示楷体橄榄绿</h3>
    <h4 id=purplefont>显示仿宋体紫色</h4>
```

        </body>
        </html>

文件 test6.html 在浏览器中的显示结果如图 4.5 所示。

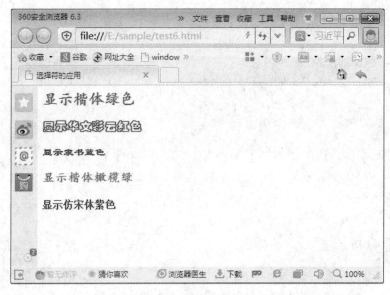

图 4.5 选择符的应用

3. 嵌入外部样式表

当多个网页具有相同样式时,可以使用样式文件把设定的样式集中起来,并存成独立的样式文件,以使多个网页共享该样式文件;也可以将样式分类,使一个网页套用多个样式文件。

语法:

    <style type="text/css">
    <!--
        @import url("外部样式表文件名");
    -->
    </style>

[例 4.7] 本例将建立两个样式文件,style1.css 文件保存文字的颜色,style2.css 保存文字的其他样式。

样式文件 style1.css 文件的代码清单如下:

    h1 {color:bule;
    }

样式文件 style2.css 文件的代码清单如下:

    h1 {text-align:center;
        font-style:italic;
        font-family:隶书;
        font-size:x-large;
    }

文件 test7.html 代码清单如下：

```
<html>
  <head>
    <title>嵌入外部样式表</title>
    <style type="text/css">        /*定义样式*/
    <!--
      @import url("style1.css")
      @import url("style2.css")
    -->
    </style>
  </head>
  <body>
    <h1>用四种方式将样式表功能应用到web页面中</h1>
  </body>
</html>
```

4. 链接外部样式表

语法：

　　<link type="text/css" rel=stylesheet href="外部样式文件名">

[例 4.8] 链接外部样式表文件的 HTML 文件的页面代码 test8.html 如下：

```
<html>
  <head>
    <title>链接外部样式表</title>
    <link type="text/css" rel=stylesheet href="style1.css">
    <link type="text/css" rel=stylesheet href="style2.css">
  </head>
  <body>
    <h1>用四种方式将样式表功能应用到web页面中</h1>
  </body>
</html>
```

4.2.5　CSS 布局理念

设计网页的第一步是设计布局，好的网页布局会令访问者耳目一新，同样也可以使访问者比较容易在站点上找到他们所需要的信息。无论使用表格还是 CSS，网页布局都是把大块的内容放进网页的不同区域里面。有了 CSS，最常用来组织内容的元素就是<div>标签。CSS 排版是一种很新的排版理念，首先要将页面使用<div>整体划分几个板块，然后对各个板块进行 CSS 定位，最后在各个板块中添加相应的内容。

当使用 CSS 布局时，主要把它用在 Div 标签上，<div>与</div>之间相当于一个容器，可以放置段落、表格、图片等各种 HTML 元素。Div 是用来为 HTML 文档内大块的内容提供结构和背景的元素。Div 的起始标签和结束标签之间的所有内容都是用来构成这个块的,其中所包含元素的特性由 Div 标签的属性,或通过使用 CSS 来控制。

1. 将页面用 div 分块

在利用 CSS 布局页面时,首先要有一个整体的规划,包括整个页面分成哪些模块、各个模块之间的父子关系等。以最简单的框架为例,页面由标题(banner)、主题内容(content)、菜单导航(links)和脚注(footer)几个部分组成,各个部分分别用自己的 id 来标识,如图 4.6 所示。

其页面中 HTML 框架代码如下所示。

```
<div id="container">container
  <div id="banner">banner</div>
    <div id="cotent">content</div>
    <div id="links">links</div>
  <div id="footer">footer</div>
</div>
```

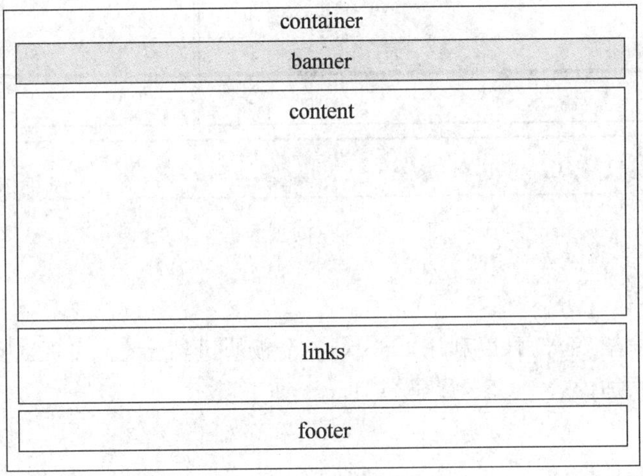

图 4.6 页面内容框架

在书写 HTML 页面代码时,应把以上 Div 基本结构的代码加入<body></body>标签中。

实例中每个板块都是一个<div>,这里直接使用 CSS 中的 id 来表示各个板块,页面的所有 Div 块都属于 container,一般的 Div 排版都会在最外面加上这个父 Div,便于对页面的整体进行调整。对于每个 Div 块,还可以再加入各种元素。

2. 设计各块的位置

当页面的内容已经确定后,则需要根据内容本身考虑整体的页面布局类型,如是单栏、双栏还是三栏等,这里采用的布局,如图 4.7 所示。

在图中可以看出,在页面外部有一个整体的框架 container,banner 位于页面整体框架中的最上方,content 与 links 位于页面的中部,其中 content 占据着页面的绝大部分。最下面是页面的脚注 footer。

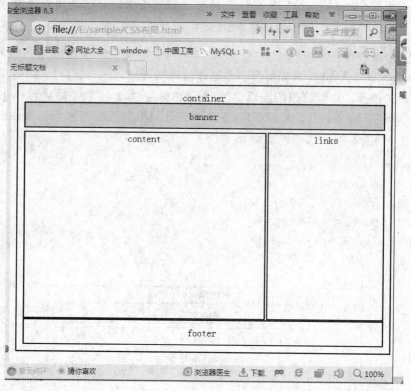

图 4.7 简单的页面框架

3. 用 CSS 定位

整理好页面的框架后,就可以利用 CSS 对各个板块进行定位,实现对页面的整体规划,然后再往各个板块中添加内容。CSS 代码 css1.css 如下所示。

```
body{
    margin:10px;
    text-align:center;
}
#container{
    width:900px;
    border:2px solid #000000;
    padding:10px;
}
#banner{
    margin-bottom:5px;
    padding:10px;
    background-color:#a2d9ff;
    border:2px solid #000000;
    text-align:center;
```

第4章 简单的静态 Web 文档(HTML/CSS)

```
        }
    #content{
        float:left;
        width:600px;
        height:300px;
        border:2px solid #000000;
        text-align:center;
        }
    #links{
        float:right;
        width:290px;
        height:300px;
        border:2px solid #000000;
        text-align:center;
        }
    #footer{
        clear:both;
        padding:10px;
        border:2px solid #000000;
        text-align:center;
        }
```

以上代码中 body 标记与 container 父块中,设置了页面的边界 margin、页面文本的对齐方式 text-align,以及将父块的宽度设置为 900px。

Banner 板块设置了边界、填充 padding、背景色 background-color 及边框 border。

利用了 float 属性将 content 移动到左侧,links 移动到页面右侧。

由于 content 和 links 对象都设置了浮动属性,因此 footer 需要设置 clear 属性,使其不受浮动的影响。

这样,页面的整体框架便搭建好了,把以上 css1.css 样式文件链接到"CSS 布局.html"文件中,用浏览器打开,这时就可以看到如图 4.7 所示的页面框架结构了。

[例 4.9] CSS 布局.html 文件代码如下:

```
<html>
<head>
<meta http-equiv="Content-Type" content="text/html; charset=gb2312" />
<title>无标题文档</title>
<link href="css1.css" rel="stylesheet" type="text/css" />
</head>
<body>
<div id="container">container
<div id="banner">banner</div>
```

```
        <div id="content">content</div>
        <div id="links">links</div>
        <div id="footer">footer</div>
    </div>
  </body>
</html>
```

4.3　HTML5 概述

　　HTML5 是标准通用标记语言下的一个应用超文本标记语言（HTML）的第五次重大修改版本。2008 年 8 月,W3C 推出 HTML5.0 工作草案,2010 年正式推出,HTML5 仍处于完善之中,将成为 HTML、XHTML 的新标准。我们只做简要介绍。

　　目前,大部分现代浏览器已经支持 HTML5。支持 HTML5 的浏览器包括 Firefox、IE9 及其更高版本,Chrome、Safari、Opera 等；国内的遨游浏览器、360 浏览器、搜狗浏览器、QQ 浏览器等国产浏览器同样具备支持 HTML5 的能力。据统计 2013 年全球将有 10 亿手机浏览器支持 HTML5。毫无疑问,HTML5 将成为未来 5～10 年内,移动互联网领域的主宰者。

　　HTML5 是一种网络标准,相比现有的 HTML4.01 和 XHTML1.0,可以实现更强的页面表现效果。HTML5 带给了浏览者更好的视觉冲击,同时让网站程序员更好地与 HTML 语言"沟通"。虽然现在 HTML5 还没有完善,但是对于以后网站建设者提供了更好的发展。

4.3.1　HTML5 简介

　　HTML5 新特性,具体内容如下。

　　1) 语义特性

　　HTML5 赋予网页更好的意义和结构。HTML5 使用新的语义定义标签,可以更好地了解 HTML 文档含义,使得使用 HTML5 创建网站也更加简单。新的 HTML 标签像<header>、<footer>、<nav>、<section>、<aside>等,使得读者更加容易去理解内容。而在以前,即使定义了 class 或者 ID,读者也没有办法去了解给出的一个 div 究竟是什么。

　　2) 本地存储特性

　　本地存储是 HTML5 中一个不需要第三方插件来实现的。能够保存数据到用户的浏览器中意味你可以简单的创建一些应用特性,例如：保存用户信息,缓存数据,加载用户上一次的应用状态。

　　3) 连接特性

　　HTML5 具有更有效的连接工作效率,使得基于页面的实时聊天、更快速的网页游戏体验、更优化的在线交流得到了实现。HTML5 拥有更有效的服务器推送技术。

4) 网页多媒体特性

支持网页端的 Audio、Video 等多媒体功能。HTML5 让你的视频和音频通过标签<video>和<audio>来访问资源。这个过程比老版本的 HTML 处理同样的事要简单很多。

5) 三维、图形及特效特性

基于 SVG、Canvas、WebGL 及 CSS3 的 3D 功能,用户会惊叹于在浏览器中所呈现的惊人视觉效果。

总之,HTML5 提供了高效的数据管理、绘制、视频和音频工具,其促进了 Web 上的便携式设备的跨浏览器应用的开发。

4.3.2　HTML 5 新元素

为了更好地处理今天的互联网应用,HTML5 添加了很多新元素及功能,比如:图形的绘制,多媒体内容,更好的页面结构,更好的形式处理和拖放 API 元素、定位包括网页应用程序缓存、存储等。具体如表 4.6～表 4.9 所示。

表 4.6　canvas

标　　签	描　　述
<canvas>	标签定义图形,比如图表和其他图像。该标签基于 JavaScript 的绘图 API

表 4.7　多媒体

标　　签	描　　述
<audio>	定义音频内容
<video>	定义视频(video 或者 movie)
<source>	定义多媒体资源 <video> 和 <audio>
<embed>	定义嵌入的内容,比如插件
<track>	为诸如 <video> 和 <audio> 元素之类的媒介规定外部文本轨道

表 4.8　表单

标　　签	描　　述
<datalist>	定义选项列表。请与 input 元素配合使用该元素,来定义 input 可能的值
<keygen>	规定用于表单的密钥对生成器字段
<output>	定义不同类型的输出,比如脚本的输出

HTML5 提供了新的元素来创建更好的页面结构。

表 4.9 语义与结构

标 签	描 述
<article>	定义页面的侧边栏内容
<aside>	定义页面内容之外的内容
<bdi>	允许您设置一段文本,使其脱离其父元素的文本方向设置
<command>	定义命令按钮,比如单选按钮、复选框或按钮
<details>	用于描述文档或文档某个部分的细节
<dialog>	定义对话框,比如提示框
<summary>	标签包含 details 元素的标题
<figure>	规定独立的流内容(图像、图表、照片、代码等)
<figcaption>	定义 <figure> 元素的标题
<footer>	定义 section 或 document 的页脚
<header>	定义了文档的头部区域
<mark>	定义带有记号的文本
<meter>	定义度量衡。仅用于已知最大和最小值的度量
<nav>	定义运行中的进度(进程)
<progress>	定义任何类型的任务的进度
<ruby>	定义 ruby 注释(中文注音或字符)
<rt>	定义字符(中文注音或字符)的解释或发音
<rp>	在 ruby 注释中使用,定义不支持 ruby 元素的浏览器所显示的内容
<section>	定义文档中的节(section、区段)
<time>	定义日期或时间
<wbr>	规定在文本中的何处适合添加换行符

以下的 HTML 4.01 元素在 HTML5 中已经被删除:<acronym>、<applet>、<basefont>、<big>、<center>、<dir>、<font>、<frame>、<frameset>、<noframes>、<strike>、<tt>。

4.3.3 创建简单的 HTML5 页面

尽管各种最新版浏览器都对 HTML5 提供了很好的支持,但毕竟 HTML5 是一种全新的 HTML 标记语言,许多新的功能必须在搭建好相应的浏览器环境后才可以正常浏览。为此,在正式执行一个 HTML5 页面之前,必须先搭建支持 HTML5 的浏览器环境,并检查浏览器是否支持 HTML5 标记。

下面用 HTML5 编写一个文件名为 html5.html 的 Web 网页文件,从这个简单的示例来学习 HTML5 的基本语法。

[**例 4.10**] 文件 html5.html 如下所示。

```
<!DOCTYPE HTML>
<HTML lang="en">
<head>
<meta charset="utf-8">
<title>这是我的第一个 HTML 5 网页文档</title>
<link href="style1.css" rel=stylesheet>
<embed src="01.mp3"/>
</head>
<body>
<h1>这是我的第一个 HTML 5 网页文档</h1>
</body>
</HTML>
```

上述例子经浏览器解释生成的 Web 网页如图 4.8 所示。

图 4.8 例 4.10 运行结果

上述 HTML5 文档虽不是一个最短的 HTML5 文档,但以它为基础可以构建出任何网页。

文档第一行都是一个特定的文档类型声明,用于告知这是一个 HTML5 网页文档。

文档第二行为整个页面添加语言说明,也就是为＜HTML＞元素指定 lang 属性。

文档第四行声明所使用的字符编码。只要在＜head＞区块的最开始处(如果没有添加＜head＞元素,则是紧跟在文档类型声明之后)添加相应的元数据(meta)元素即可。

文档第六行指定想使用的样式表,在＜head＞区块添加＜link＞元素。这与向 HTML4 文档中添加样式表大同小异,但稍微简单一点。

文档第七行使用＜embed＞元素插入多媒体文件。这与 HTML4 语法不一样。

第5章 JavaScript 基础

5.1 JavaScript 简介

　　JavaScript 是一种嵌入在 HTML 文档中,具有跨平台、安全性,基于对象和事件驱动的解释型编程脚本语言。它既可以在客户端运行,也可以在服务器上运行。
　　JavaScript 最典型的应用就是开发客户端 Web 应用程序。与高级语言不同,客户端脚本程序通常都是解释执行的。也就是说,在执行 JavaScript 脚本之前,无须进行编译等预处理。在最典型的客户端应用中,JavaScript 脚本程序被嵌入到 HTML 文档中,随着 HTML 文档一同下载到浏览器端。浏览器读 HTML 文档,然后解释执行并显示其中的元素。读取 HTML 文档并分辨其中的元素的过程称为解析(parsing)。如果解析到 JavaScript 脚本,则浏览器执行其脚本语句。
　　JavaScript 具有以下几个基本特点:
　　1)是一种脚本(Script)语言
　　JavaScript 是一种脚本语言,它采用小程序段的方式实现编程。与其他脚本语言一样,JavaScript 是一种解释性语言,在程序运行过程中被逐行解释、逐行执行。
　　2)基于对象
　　JavaScript 是一种基于对象的语言,它的许多功能来自于脚本环境中对象的方法与脚本的相互作用。
　　3)安全性
　　JavaScript 是一种安全性语言,它不允许访问本地的硬盘,也不允许对网络文档进行修改和删除,而只能通过浏览器实现信息浏览或动态交互。
　　4)跨平台性
　　JavaScript 的执行依赖于浏览器本身,而与操作环境无关。只要是能运行浏览器的计算机,而该浏览器又支持 JavaScript,则脚本就可正确执行。
　　5)动态
　　只用 HTML 标记语言开发的页面是静态的,浏览器解释执行并向客户显示后,显示内容就不能变化了。而使用 JavaScript 开发的页面是动态的,可以控制页面对象,可以和客户进行交互,满足客户进一步的请求。故 JavaScript 是设计交互式动态,尤其是"客户端动态"页面的重要工具。

5.2 第一个 JavaScript 程序

JavaScript 源程序是文本文件,因此可以使用任何文本编辑器来编写程序源代码,通常也可以选择一些专业的代码编辑工具,如 Dreamweaver。

[例 5.1] 应用 JavaScript 制作第一个脚本程序,代码 helloworld.html 如下。

```
<html>
<head>
<title>JavaScript</title>
</head>
<body>
<script language="javascript">
document.write("<h1>Hello World! </h1>")
</script>
</body>
</html>
```

(1)<script language="javascript">和</script>是标准的 HTML 标签,该标签用于在 HTML 文档中插入脚本程序。其中的 language 属性指明了"<script>"标签对间的代码是 JavaScript 程序。

(2)document.write("<h1>Hello World! </h1>")是 JavaScript 程序代码。调用 document 对象的 write 方法,将字符串"Hello World!"输出到 HTML 文本流中。

预览程序,效果如图 5.1 所示。

图 5.1 运行效果图

5.3 JavaScript 基本语法

JavaScript 的基本语法现象主要有:JavaScript 语句插入到 HTML 文档中的方式、书写格式、数据类型、变量常量、运算符、表达式、控制语句和函数等。

5.3.1 在 HTML 文档中调入或嵌入 JavaScript

有两种方式把 JavaScript 语句插入到 HTML 文档中。一种是应用 HTML 的<script>标记,直接把 JavaScript 语句嵌入 HTML 文档中。另一种是使用 HTML<script>标记的"src"属性,把 JavaScript 源文件链接到 HTML 文档中。

1. 嵌入 JaveScript

使用<script>标记把 JavaScript 语句嵌入 HTML 文档中。

语法:

  < script language="JavaScript">
    相关 JaveScript 代码
  </script>

将 JavaScript 代码嵌入 HTML 文档,需使用 HTML 的<script>标记的 language 属性,属性值可以是 JavaScript 也可以是 VBScript。<script>可以包含在<head>标记和<body>标记内。包含在<head>内的 JavaScript 脚本在页面装载之前运行,所以函数一般包含在<head>标记之间。

2. 链接外部 JaveScript

当 JavaScript 语句比较多又复杂,并且有多个网页需要共享时,可以把 JavaScript 代码以文件方式单独存放,文件扩展名为".js"。然后,用<script>标记的"src"属性把 JavaScript 外部文件链接到 HTML 文档中。它对客户隐藏了脚本程序,比较安全。

语法:

  <script src="JavaScript 文件名"></script>

[例 5.2] 将外部 JS 文件 ex5-02.js 的 JavaScript 代码链接到 ex5-02.html 文档。
ex5-02.js 文件的代码清单如下:

  document.write("Hello World!")

ex5-02.html 文档代码清单如下:

  <html>
  <head>
  <title>链接 JS 外部文件</title>
  <script src="ex5-02.js">

```
    <script>
    </head>
    <body>
    </body>
</html>
```

5.3.2 JavaScript 书写格式

(1) JavaScript 区分大小写。

(2) JavaScript 可以没有可见的行结束标志,用换行符作为一行的终止符。也可以用分号(;)作为行结束标志。

(3) 如果需要把几行代码写在一行中,使用分号(;)把它们分开。例如:

```
var a=3
var b=6
var c=0
```

可以写成

```
var a=3;b=6;c=0
```

它们的效果是一样的。

(4) 为了使程序清晰易读,采用缩进格式来书写。

(5) 可以使用两种方法进行注释,注释方法与C++相同。

5.3.3 基本数据类型

JavaScript 与 Java 有许多相似之处,也有自己的数据类型、算术运算符、表达式和程序基本框架结构。

1. 数据类型

JavaScript 主要的数据类型有 int(整型)、float(浮点型)、string(字符串)、boolean(布尔型)、null(空类型)。

2. 变量

在 JavaScript 中,使用命令 var 声明变量。在声明变量时,不需要指定变量的类型,而变量的类型将根据其变量赋值来确定。

(1) 变量声明,格式如下:

```
var 变量名[=值];
```

例如:

```
var i;
var message="hello";
```

(2) 数组的声明有如下3种方式(数组元素类型可以不同)。

```
var array1=new Array();              //array1 是一个默认长度的数组
var array2=new Array(10);            //array2 是一个长度为 10 的数组
var array3=new Array("aa",12,true);  //array3 是一个长度为 3 的数组,且元素类型不同
```

3. 运算符

在 JavaScript 中提供了算术运算符、关系运算符、逻辑运算符、字符串运算符、位操作运算符、赋值运算符和条件运算符等运算符。这些运算符与 Java 语言中的要求一样。

4. 控制语句

JavaScript 中的控制语句:分支语句(if、switch),循环语句(while、do-while、for),这些语句的语法规则和使用与 Java 语言中的要求一样。

5.3.4 函数

在 JavaScript 中可以使用函数,函数是封装在程序中可以多次使用的模块。函数必须先定义,后使用。由于浏览器先执行 HTML 文档中的<head>模块,所以 JavaScript 中使用函数时,常把自定义函数放在<head>模块中,然后在 HTML 文档的主体<body>模块中调用函数。

函数定义的规则如下:

```
function 函数名(参数列表){
    函数体
}
```

- function:是 JavaScript 的关键字,用来定义函数名。
- 函数名:函数名跟在关键字 function 后面,它可以是任何合法的标识符,在同一个页面,函数名必须唯一。
- 参数列表:函数的参数列表,多个参数间用逗号分开。
- 函数体:该函数执行的运算。

5.3.5 JaveScript 的事件

事件(event)在此的含义就是用户与 Web 页面交互时产生的操作。当用户进行单击按钮等操作时,即产生了一个事件,需要浏览器进行处理。浏览器响应事件并进行处理的过程称为事件处理,进行这种处理的代码称为事件的响应函数。

通常浏览器会默认定义一些通用的事件处理函数,以便响应那些最基本的事件。例如,单击超链接的默认响应就是装入并显示目标页面,单击表单中的提交按钮的默认响应就是将表单提交到服务器等。表 5.1 列举了 JavaScript 常用事件。

表 5.1 JavaScript 常用事件

事件名称	说明
onClick	鼠标左键单击页面对象时发生。例如鼠标左键单击按钮等
onChange	对象内容发生改变时发生。例如文本框内容改变时

续表

事件名称	说　明
onFocus	对象获得焦点(鼠标)时发生。例如鼠标单击文本框,产生 onFocus 事件
onBlur	对象失去焦点(鼠标)时发生。例如鼠标单击其他控件,产生 onBlur 事件
onload	网页载入浏览器时发生,发生对象为 HTML 的<body>标记
onUnload	用户离开当前页面时发生,发生对象为 HTML 的<body>标记
onMouseOver	鼠标移到对象上时发生
onMouseOut	鼠标离开对象上时发生
onMouseMove	鼠标在对象上移动时发生
onMouseDown	鼠标在对象上按下时发生
onMouseUp	鼠标在对象上释放时发生
onSubmit	提交表单时发生。例如用户单击"提交"按钮,产生 onSubmit 事件
onResize	改变窗口大小时发生

[例5.3] ex5-03.html 文档,响应超级链接的 mouseover 事件和处理函数。

```
<HTML>
<HEAD><TITLE></TITLE>
<SCRIPT LANGUAGE="JavaScript">
  function hello(){
    alert("Hello!");
  }
</SCRIPT>
</HEAD>
  <BODY>
    <A HREF="test1.htm" onMouseOver="hello()">link</A>
  </BODY>
</HTML>
```

将鼠标移到链接上面,弹出一个如图 5.2 所示的对话框。

图 5.2　响应超级链接的 mouseover 事件

第5章 JavaScript 基础

该链接的作法:在<A>标签中加入 onMouseOver 的方法,就可获得所需的效果,以 on-MouseOver 的方法配合事件调用函数 hello()就行了。

上述结果是如何产生的呢？首先,在<HEAD>内的函数被载入内存,接着<A>标签产生一个链接,在<A>标签后部可以看到 onMouseOver 指令,该指令告诉浏览器,当该链接 link 被按下时,执行后面的函数 hello()。在这个函数中用到了一个叫作 alert 的方法,alert 是 JavaScript 事先定义好的,它产生一个对话框,对话框中含有指定的信息和一个"确定"(OK)按钮。

5.4 JavaScript 对象

Java 是面向对象的,而 JavaScript 是基于对象的,所以 JavaScript 没有提供抽象、继承和重载等面向对象语言的功能。但在 JavaScript 中,对象是客观事物的描述,它有内置对象和用户自定义对象两大类。

对象必须存在,才能够被引用,有以下 3 种方法引用对象。

(1)引用 JavaScript 内置对象。

(2)引用浏览器环境提供的对象。

(3)创建自定义对象。

5.4.1 JavaScript 内置对象

JavaScript 提供了 String(字符串)、Math(数学)、Array(数组)和 Date(日期)内置对象供用户使用。

1. String 对象

String 对象是一个动态对象,需要创建对象实例后,方可引用对象的属性和方法。

(1)创建 String 对象

使用关键字 var 或 new 创建字符串对象。语法格式为:

  var 字符串变量名="字符串"

或

  var 字符串变量名=new String("字符串")

例如:

  var str1="Hello World!"
  var str1=new String("Hello World!")

创建了一个名为 str1 的 String 对象。

(2)String 对象的属性

String 对象的属性只有一个:length,用来统计字符串中字符的个数。例如,上例的 str1.

length 结果值是 12。

(3) String 对象的方法

String 对象的主要方法如表 5.2 所示。

表 5.2 String 对象的主要方法

方法名称	说 明	范 例
anchor(链接名)	创建 HTML 中的 anchor 标记	anchor("d")
big()	增加字符串显示字体的大小	str1.big()
small()	减小字符串显示字体的大小	str1.small()
italic()	以斜体字显示字符串	str1.italic()
bold()	以粗体字显示字符串	str1.bold()
blink()	字符串闪烁显示	str1.blink()
fixed()	以固定字高显示字符串	str1.fixed()
fontsize(size)	设置字体大小	str1.fontsize(5)
toLowerCase()	将字符串中所有字符转换为小写	str1.toLowerCase()
toUpperCase()	将字符串中所有字符转换为大写	str1.toUpperCase()
index( )f(str, start-position)	从 start-position 位置开始,从左到右查找并返回 str 字符串的位置,如果找不到返回－1	str1.index()f("he",3)
substring(start,end)	返回 start 与 end 位置之间的子串	str1.substring(4,8)

2. Math 对象

Math 对象包括常用常数和运算,如三角函数、对数函数、指数函数等。Math 对象是一个静态对象,不需要创建具体实例即可使用,例如,var num＝Math.sqrt(9)。Math 对象主要属性如表 5.3 所示。

表 5.3 Math 对象主要属性

属性名称	说 明	范 例
E	常数 E	Math.E＝2.718…
LN10	10 的自然对数	Math.LN10＝2.302…
LN2	2 的自然对数	Math.LN2＝0.693…
LOG2E	以 2 为底 E 的对数	Math.LOG2E＝1.442…
LOG10E	以 10 为底 E 的对数	Math.LOG10E＝0.434…
PI	圆周率	Math.PI＝3.141…
SQRT1_2	0.5 的平方根	Math.SQRT1_2＝0.707…
SQRT2	2 的平方根	Math.SQRT2＝1.414…

Math 对象主要方法如表 5.4 所示。

表 5.4 Math 对象主要方法

方法名称	说明	范例
sin(x),cos(x)	返回 x 的正、余弦值,返回值以弧度为单位	Math.sin(1)=0.841470…
asin(x),acos(x)	返回 x 的反正弦、反余弦值	Math.asin(1)=1.570796…
tan(x),atan(x)	返回 x 的正切、反正切值,以弧度为单位	Math.tan(1)=1.557407…
sqrt(x)	返回 x 的平方根	Math.sqrt(9)=3
pow(bv,ev)	以 bv 为底的 ev 次方	Math.pow(2,3)=8
abs(x)	返回 x 的绝对值	Math.abs(-6)=6
random()	返回 0~1 的随机数	Math.random()
min(x,y)	返回 x 和 y 中较小的数	Math.min(6,8)=6
max(x,y)	返回 x 和 y 中较大的数	Math.max(6,8)=8
round(x)	把 x 参数舍入到最接近的整数	Math.round(2.667)=3
ceil(x)	返回大于或等于 x 的最接近的整数	Math.ceil(3.889)=4
floor(x)	返回小于或等于 x 的最接近的整数	Math.floor(3.889)=3

3. Array 对象

1)定义数组对象实例

使用关键字 new 定义数组对象实例。语法:

  数组对象实例名＝new Array()

例如:

  var arr1＝new Array()　　　　　//创建数组对象实例 arr1,数组长度不定
  var arr2＝new Array(8)　　　　 //创建数组对象实例 arr2,数组长度是 8

如果在创建数组对象实例时不给出数组的元素个数,则数组的大小在引用数组时确定。数组的下标从 0 开始。

2)Array 对象的属性与方法

Array 对象常用属性:length,表示数组的长度,等于数组元素的个数。

常用的方法如下:

● join():返回数组中所有元素连接而成的字符串。

● reverse():将数组元素逆转排列,即把数组的第 1 个元素换成最后一个元素,第 2 个元素换成倒数第 2 个元素,以此类推。

● sort():对数组中元素进行排序。

3)JavaScript 数组对象的特点

(1)数组中的数组元素的数据类型可以不同,即一个数组的不同元素可赋予不同类型的值。例如:

  arr1[0]=20　　　　　//数值型
  arr1[1]="tom"　　　 //字符串型

（2）数组元素可以是数组对象的实例。如果数组元素是数组对象的实例，则得到两个二维数组。例如：

```
var arr=new Array(8)
for(i=0;i<8;i++)
    arr[i]=new Array(5)
```

创建了一个 8*5 的二维数组。

（3）数组长度可以动态变化。例如，语句"arr=new Array(8)"定义 arr 对象实例的长度为 8，如果希望它的长度增加到 20，只有通过赋值语句"arr[19]=10"就可以了。

4. Date 对象

JavaScript 的 Date 对象主要用于对日期和时间的操作。它没有属性，但是有多种方法，如表 5.5 所示。使用 Date 对象定义日期变量的语法形式如下：

日期对象实例名=new Date()

例如：

MyDate=new Date()

该语句建立了一个日期对象实例 MyDate。如果没有特别指定时间，将把系统的机内时间放入 MyDate 变量。

表 5.5 Date 对象的主要方法及使用说明

方法名称	说明	范例
getYear()	返回对象实例年号，是 4 位数	MyDate.getYear()
getMonth()	返回对象实例月份数，其值为 0~11,0 代表 1 月	MyDate.getMonth()
getDate()	返回对象实例日期，其值为 1~31	MyDate.getDate()
getDay()	返回星期，其值为 0~6,0 表示星期日	MyDate.getDay()
getHour()	返回小时数，其值为 0~23	MyDate.getHour()
getMinutes()	返回分钟数，其值为 0~59	MyDate.getMinutes()
getSeconds()	返回秒数，其值为 0~59	MyDate.getSeconds()
getTime()	返回表示时间的整数，该时间从 1970 年 1 月 1 日 00:00:00 开始以毫秒为单位进行计算	MyDate.getTime()
setYear(timevalue)	设置年份，timevalue 为大于 1900 的整数	MyDate.setYear(2008)
setMonth(timevalue)	设置月份数，timevalue 的值为 0~11,0 代表 1 月	MyDate.setMonth(7)
setDate(timevalue)	设置日期，timevalue 的值为 1~31	MyDate.setDate(20)
setDay()	设置星期，值为 0~6,0 代表星期日	MyDate.setDay(5)
setHours(timevalue)	设置小时数，timevalue 的值为 0~23	MyDate.setHours(12)
setMinutes(timevalue)	设置分钟数，timevalue 的值为 0~59	MyDate.setMinutes(30)
setSeconds(timevalue)	设置秒数，timevalue 的值为 0~59	MyDate.setSeconds(30)
setTime()	设置用长整数表示的时间，该时间从 1970 年 1 月 1 日 00:00:00 开始以 ms 为单位进行计算	MyDate.setTime(3000)

5.4.2 Window 对象

1. Window 对象的构成

Window 对象是浏览器提供的内置对象。它的下层对象有 location、history 和 document 等,其中最主要对象是 document 对象。Window 对象的主要结构如图 5.3 所示。

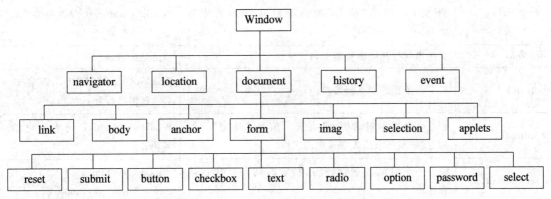

图 5.3 Window 对象的结构

Window 对象中主要几类对象的说明如下。

- Window 对象:是内置对象中最顶层的对象,每个 Window 对象是一个浏览器窗口。
- document 对象:是 Window 对象下层中最主要的对象,即 HTML 文档对象模型(Document Object Model,DOM)。HTML 文档对象模型是一种树状结构,下层包含＜link＞、＜form＞、＜body＞等对象。在 form 下又包含表单控件对象,如 text、radio、bottom 等。由于 DOM 采用分层结构和定义的标准方法,故使用 JavaScript 和文档对象模型可以控制页面的每一个元素。
- location 对象:包含当前网页的 URL,可用以设置当前网页的地址。
- history 对象:包含以前访问过网页的 URL,用以实现网页的前进或后退。
- form 对象:是 document 对象下层的常用对象,为处理表单界面提供属性和方法。

2. Window 对象的属性和方法

表 5.6 列举了 Window 对象的主要属性及其使用说明。

表 5.6 Window 对象的主要属性及其使用说明

属性名称	说 明	范 例
name	当前窗口的名字	Window.name
parent	当前窗口的父窗口	parent.name
self	当前打开的窗口	self.stats="nihao!"
top	窗口集合的最顶层窗口	top.name
status	设置当前打开窗口状态栏的显示数据	self.status="huanying!"
defaultStatus	当前窗口状态栏的显示数据	self.defaultStatus="欢迎"

HTML 文档内容在 Window 对象中显示,同时,Window 对象提供了用于控制浏览器窗口的方法。表 5.7 列举了 Window 对象的主要方法及其应用说明。

表 5.7 Window 对象方法及其使用说明

方法名称	说 明	范 例
alert()	创建一个警告对话框,具有提示信息和"确定"按钮	Window.alert("输入错误")
confirm()	创建一个确认对话框,具有提示信息、"确定"和"取消"按钮。单击"确定"按钮返回值 true,否则返回 false	Window.confirm("是否继续?")
close()	关闭当前打开的浏览器窗口	Window.close()
open()	打开一个新的浏览器窗口	Window.open(URL,"新窗口名",新窗口设置)
prompt()	创建一个提示对话框,具有提示信息、"确定"、"取消"按钮和要求输入字符串的字段	Window.prompt("请输入电话号码")
setTimeout()	设置一个时间控制器,经过指定时间段后执行某程序	Window.setTimeout("clearTimeout(),3000")
clearTimeout()	清除原来时间控制器内的时间设置	Window.clearTimeout()

5.4.3 document 对象

Window 对象的下一层中使用最多的是 document 对象。

1. document 对象的属性和方法

使用 document 对象的属性设置 Web 页面的特性,例如:标题、前景色、背景色和超链接颜色等。它主要用来设置当前下载的 HTML 文件中的基本数据和字符串的显示效果。表 5.8 列举 document 对象的主要属性和它们的使用说明。

表 5.8 document 对象属性及其使用说明

属性名称	说 明	范 例
alinkColor	设置页面中活动超链接的颜色	document.alinkColor="red"
bgColor	设置页面背景颜色	document.bgColor="ff0000"
fgColor	设置页面前景颜色	document.fgColor="ff000F"
linkColor	设置页面中未曾访问过的超链接的颜色	document.linkColor="blue"
vlinkColor	设置页面中曾经访问过的超链接的颜色	document.vlinkColor="green"
lastModified	最后一次修改页面的时间	Date=lastModified
location	页面的 URL 地址	url_info=document.location
title	页面的标题	tit_info=document.title

第 5 章 JavaScript 基础

表 5.9 列举了 document 对象的主要方法和它们的使用说明。

表 5.9　document 对象方法及其使用说明

方法名称	说　明	范　例
clear()	清除文件窗口内的数据	document.clear()
close()	关闭文档	document.close()
open()	打开文档	document.open()
write()	向当前文档写入数据	document.write("nihao!")
writeln()	向当前文档写入数据,并换行	document.writeln("nihao!")
getElementById("对象 id")	获得指定 id 对象的元素	document.getElementById("advImaeg").style.pixelTop
getElementByName("对象名")	获得指定对象名的一组同名对象元素	document.getElementByName("MyCheckbox")

2. document 对象的事件

表 5.10 列举了 document 对象的鼠标事件和它们的使用说明。

表 5.10　document 对象鼠标事件及其使用说明

鼠标事件	使用说明	鼠标事件	使用说明
onCilck	单击鼠标左键时发生	onMouseOver	鼠标移到对象上时发生
ondblClick	双击鼠标左键时发生	onMouseUp	释放鼠标左键时发生
onMouseDown	按下鼠标左键时发生	onSelectStart	开始选取对象内容时发生
onMouseMove	在对象上移动鼠标时发生	onDragStart	以拖曳方式选取对象时发生
onMouseOut	鼠标离开对象时发生		

3. document 对象的应用

[例 5.4]　页面上有 2 个文本框,在第 1 个文本框输入内容后,单击第 2 个文本框时,在第 2 个文本框内显示第 1 个文本框的内容。实现上述任务的代码 ex5-4.html 代码清单如下:

　　<html>
　　<head><title>document 对象应用</title></head>
　　<body>
　　将文字输入文本框 1
　　<form>
　　<input type=text onChange="document.my.elements[0].value=this.value;">
　　<!--输入文本框元素[0]=输入的内容//-->
　　</form>
　　单击文本框 2 显示文本框 1 的内容
　　<form name="my">
　　　<input type=text
　　onChange="document.form[0].elements[0].value=this.value;">

```
    <!--输入文本框元素[0]=输入的内容//-->
  </form>
 </body>
</html>
```

ex5-4.html 在浏览器中的运行效果如图 5.4 所示。

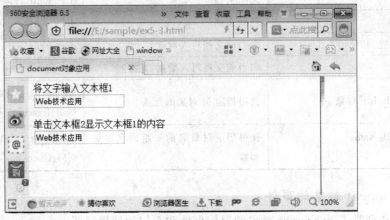

图 5.4　document 对象应用案例

每个 HTML 文档被加载后都会在内存中初始化一个 document 对象,该对象存放整个网页 HTML 内容,从该对象中,可获取页面表单的各种信息。下面再介绍获取 HTML 页面中表单内各输入域信息的方法和使用。

1)获取表单域对象

获得表单域对象的主要方法有如下两种:通过表单访问与直接访问。

假设有如下的表单：

```
<form action="" name="form1">
  <input type="text" name="t1" value="">
</form>
```

其中,表单的名称为 form1,行文本输入域名称为 t1。则可以通过以下方法获取输入域对象：

(1)通过表单访问。

　　var fObj=document.form1.t1; //form1 为表单的名字,t1 为某表单域的 name 值
　　var fObj=document.form1.elements["t1"]; //form1 为表单的名字,t1 为某表单域的 name 值
　　var fObj=document.forms[0].t1; //不使用表单的名字,采用表单集合,[0]表示第 1 个表单

(2)直接访问。

　　var fObj=document.getElementsByName("t1")[0];　　//通过名字访问,t1 为表单域的 name 值
　　var fObj=document.getElementsById("t1");　　　　//通过 id 访问,t1 为表单域的 id 值
　　var fObj=document.all("t1").valur;　　　　　　　//通过名字访问,t1 为表单域的 name 值

2)获取表单域的值

若表单域对象为 fObj,由于表单域类型不同,其获取表单域值的方法也不同,常用的方法：

(1) 获取文本域、文本框、密码框的值。

  var v=fObj.value;

(2) 获取复选框的值。

例如,对于如下的一组复选框:

  <input type="checkbox" name="c1" value="1"/>
  <input type="checkbox" name="c1" value="2"/>
  <input type="checkbox" name="c1" value="3"/>

利用 JavaScript 取值的方法:

  var fObj=document.form1.c1;   //form1 为表单的名字
  var s="";
  for(var i=0;i<fObj.length;++i){
    if(fObj[i].checked==true)s=s+fObj[i].value; //将获得的值连成一个字符串 s
  }
  window.alert(s);   //通过警告框,输出 s 的信息值

(3) 获取单选按钮的值。

例如,对于如下的一组单选按钮:

  <input type="radio" name="p" checked/>加
  <input type="radio" name="p" checked/>减
  <input type="radio" name="p" checked/>乘
  <input type="radio" name="p" checked/>除

利用 JavaScript 取值的方法如下:

  var fObj=document.form1.p; // form1 为表单的名字
  for(var i=0;i<fObj.length;i++)
   if(fObj[i].checked)break;
  switch(i){
   case 0:……;break;
   case 1:……;break;
   case 2:……;break;
   case 3:……;
  }

(4) 获取列表框的值。

对于单选列表框,可以用如下方法取出值:

  var index=fObj.selectedIndex; // fObj 为列表对象,取出所选项的索引,索引从 0 开始
  var val=fObj.options[index].value; //取出所选项目的值

对于多选列表,取值需要循环:

  var fObj=document.form1.s1; // form1 为表单的名字
  var s="";

```
        for(var i=0;i<fObj.options.length;++i){
        if (fObj[i].options[i].selected==true)s=s+fObj.options[i].value;
        }
        window.alert(s);                          //通过警告框,输出 s 的信息值
```

4. JavaScript 实现客户端表单验证

对于一个 HTML 页面中的表单,可以获取其中的各项表单域的信息,利用这些信息,可以判定各表单域所提供的输入值是否合法,是否符合所要求的格式,这就是表单的输入验证,也是 JavaScript 最重要的应用。下面通过一个例子,给出具体的实现方法。

[例 5.5] 客户端表单验证代码(ex5-5.html)清单如下:

```
      <HTML>
      <HEAD>
      <TITLE>客户端表单验证</TITLE>
      <SCRIPT LANGUAGE="JavaScript" TYPE="text/javascript">
        function validator()
        { if(document.form1.name.value=="")
          { alert("您还没有输入姓名呢!"); return false;
          }
          if(document.form1.eMail.value=="")
          { alert("您还没有输入电子邮件呢!"); return false;
          }
          if(document.form1.idNumber.value=="")
          { alert("您还没有输入身份证号呢!"); return false;
          }else //判断身份证号是否合法。
          { var checkOK = "0123456789";
            var checkStr = document.form1.idNumber.value;
            var allValid = true;
            if(checkStr.length!=18) allValid=false;//如果身份证号少于 18 位,则非法。
            else
            for (i = 0; i < 18; i++)//判断身份证号是否全部由数字组成
            { ch = checkStr.charAt(i); //获得指定位置的字符。
              if ( checkOK.indexOf(ch)==-1)
              { allValid = false; break;
              }
            }
            if (!allValid) //如果身份证号非法,则显示为红色。
            { document.all.form1.idNumber.style.color="red"; return false;
            } else //如果再次输入正确,则恢复原来的颜色。
              document.all.form1.idNumber.style.color="black";
          }
        }
      </SCRIPT>
```

```
</HEAD>
<BODY>
<DIV align=center>
<FORM NAME=form1 action="register_confirm.jsp" method=POST
  onSubmit="return validator()">
  <H2>个人信息</H2>
  <TABLE>
    <TR>
      <TD>请输入您的姓名(必须)：
      <TD><INPUT NAME=name>
    <TR>
      <TD>请输入您的身份证号(必须)：
      <TD><INPUT NAME=idNumber>
    <TR>
      <TD>请输入您的电子邮件地址(必须)：
      <TD><INPUT NAME=eMail>
  </TABLE><BR>
  <INPUT TYPE=submit VALUE="提交">
  <INPUT TYPE=reset VALUE="重置">
</FORM>
</DIV>
</BODY>
</HTML>
```

效果如图 5.5 所示。

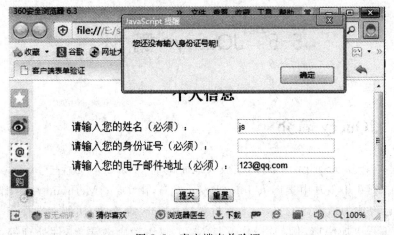

图 5.5　客户端表单验证

由于在表单正式提交到服务器之前，需要 onSubmit 的值为 true(如果不设置事件处理函数，则该值默认为 true)，因此可以通过为 onSubmit 事件指定处理函数来进行表单数据的验证。在本示例中，对于姓名和电子邮件地址，仅判断是否填写内容，如果没有填写，则弹出对话框提示；对于身份证号，除了验证是否填写内容以外，还提供更进一步的验证，如果填写的数据不是由数字组成,或者数字少于 18 位,则将非法的身份证号用红色显示。

当用户单击"提交"按钮后,即执行表单验证函数 validator(),如果有不合要求的数据,则无法提交表单;直到所有的数据都合法,才能将表单数据提交到 action 属性指定的 URL。

5.4.4　JavaScript 自定义对象

JavaScript 可以根据需要创建自定义对象。创建方法是:先定义一个对象,然后创建该对象的实例。

在 JavaScript 中应用 function 关键字创建用户自定义对象。

语法:

```
function 对象名称(属性列表){
    this.属性 1=参数 1
    this.属性 2=参数 2
    ……
    this.方法 1=函数名 1
    this.方法 2=函数名 2
    ……
}
```

对象定义后应用关键字 new 创建对象实例。

语法:

对象实例名=new 对象名称(属性值列表)

5.5　JQuery 概述

5.5.1　JQuery 简介

JQuery 是一个 JavaScript 函数库,它极大地简化了 JavaScript 编程。

JQuery 在 2006 年 1 月由美国人 John Resig 发布,由 Dave Methvin 率领团队进行开发。如今,JQuery 已经成为最流行的 javascript 框架。JQuery 是免费、开源的,使用 JQuery 可以使 JavaScript 编程更加便捷,例如:操作文档对象、制作动画效果、事件处理等。除此以外,JQuery 提供 API 让开发者编写插件。其模块化的使用方式使开发者可以很轻松的开发出功能强大的静态或动态网页。

JQuery 很容易学习,JQuery 库可以通过一行简单的标记被添加到网页中。JQuery 库位于一个 JavaScript 文件中,其中包含了所有的 JQuery 函数。可以通过下面的标记把 JQuery 添加到网页中:

```
<head>
<script type="text/javascript" src="jquery-1.11.1.min.js">
</script>
</head>
```

注意：＜script＞ 标签应该位于页面的 ＜head＞ 部分。

5.5.2　JQuery 的安装

如程序员需使用 JQuery，就需要从 JQuery.com 下载 JQuery 库，然后把它包含在希望使用的网页中。有两个版本的 JQuery 可供下载：

（1）production version：用于实际的网站中，已被精简和压缩。例如，版本为 1.11.1 的文件名为 jquery-1.11.1.min.js。

（2）development version：用于测试和开发（未压缩，是可读的代码）。例如，版本为 1.11.1 的文件名为 jquery-1.11.1.js。

5.5.3　第一个 JQuery 文档

JQuery 是一个"写得更少，但做得更多"的轻量级 JavaScript 库。下面通过例 5.6 学习如果通过使用 JQuery 应用来提高 JavaScript 效果。

[例 5.6]　ex5-6.html 代码清单如下：

```
<html>
<head>
<script type="text/javascript" src="jquery-1.11.1.min.js"></script>
<script type="text/javascript">
  $(document).ready(function(){
    $("button").click(function(){
      $("p").hide();
    });
  });
</script>
</head>
<body>
<h2>This is a heading</h2>
<p>This is a paragraph.</p>
<p>This is another paragraph.</p>
<button type="button">Click me</button>
</body>
</html>
```

运行结果如图 5.6 所示。

上面的例子演示了 JQuery 的 hide() 函数，隐藏了 HTML 文档中所有的 ＜p＞ 元素。文

图 5.6　例 5.6 运行结果

档第 4 行将从 JQuery.com 网站下载的 JQuery 库文件 jquery-1.11.1.min.js 包含进来,且与 ex5-6.html 文档放置在同一根目录下。

5.5.4　JQuery 语法

JQuery 语法是为 HTML 元素的选取编制的,可以对元素执行某些操作。
语法:

　　$(selector).action()

(1)美元符号定义 JQuery 语句。
(2)选择符(selector)"查询"和"查找" HTML 元素。
(3)JQuery 的 action()对该元素执行的某个操作。
例如:

　　$(this).hide()— 隐藏当前元素
　　$("p").hide()— 隐藏所有段落
　　$(".test").hide()— 隐藏所有 class="test" 的所有元素
　　$("#test").hide()— 隐藏所有 id="test" 的元素

JQuery 的功能很多,它能使用户更方便地处理 HTML、events、实现动画效果。JQuery 还有一个比较大的优势是,它的文档说明很全,而且各种应用也说得很详细,同时还有许多成熟的插件可供选择。

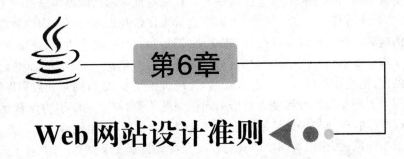

第6章 Web 网站设计准则

我们已经初步掌握了 Web 页面的创建方法,但真正构建一个大、中型的网站却不是一件容易的事。必须借鉴软件工程的思想来思考和仔细设计这一问题,对于新手来说,必须压抑急于编写网页的冲动。不妨借鉴一下国外构建网站的理论和经验,在网上发布信息、编写网页之前,首先注意遵守以下几个设计原则和建议,这可能会有助于网站的建立。学完本章内容,将会拥有一个完整的设计文档的模板和一些设计站点所作决定的记录。这些文档可以作为建造网站的路线图,客户和网站管理者需要这些文档,有了这些文档,网站的维护将变得更容易。

信息结构是大型网站设计的基础。它是其他各个方面(表格、函数、导航和界面、交互性和可视化设计)建于其上的蓝图。当你设计大型网站时,要做的一件事是设计信息结构。所有花在开发信息结构所花的时间和所需的开销都是必要的。设计一个好的信息结构是设计大型网站首先考虑的事情,了解信息结构过程的基础从长远看既能节省开发时间又能节省金钱。如果一开始设计者就有一个坚实的信息结构,建设一个成功的网站就有了实际的保障。

创建完整的网站是一个系统工程,需要一定的工作流程,只有遵循这个流程,按部就班地才能设计出满意的网站。因此在设计网页前,先要了解网页设计与开发的基本流程,这样才能制作出更好、更合理的网站。

6.1 定义网站的目标

这一阶段是回答建网站做什么。

1. 定义网站的目标

从工程的角度构思一个清晰的,有良好文档的建立网站的想法,回答建网站的目标是建立网站的第一步。设计者应清楚建立网站的目标定位,即确定它将提供什么样的服务,网页中应该提供哪些内容等。市面上之所以有那么多失败的站点,究其原因主要是因为建网站的设计者对设计网站并没有清晰的目标。有的在没有对客户业务需求充分调查的情况下凭空捏造建了一个网站;有的只是想拥有一个网站,因为看到别人也有一个。实际上,如果不知道试图达到什么目标,就没有必要费劲去建立网站。要确定网站目标定位,应该从以下3个方面考虑。

(1)网站的整体定位。网站可以是大型商业网站、电子商务网站、门户网站、个人主页、科学研究网站、交流平台、企业网站、服务性网站等。首先应该对网站的整体进行一个客观评估,同时要以发展的眼光看待网站建设问题,否则将会带来许多升级和更新方面的麻烦。

(2)网站的内容。如果是综合性网站,那么,对于新闻、邮件、电子商务、论坛等都要有所涉及,这样就要求网页要结构紧凑、美观大方;对于侧重某一方面的特殊网站,如书籍网站、游戏网站、音乐网站等,则往往对网页美工要求较高,使用模板较多,更新网页和数据库较快。

(3)网站浏览者所受的教育程度。对于不同的浏览人群,网站的吸引力是截然不同的,如针对少年儿童的网站,卡通和科普性的内容更符合浏览者的品味,也能够达到网站寓教于乐的目的;针对大学生的网站,往往对网站的动感程度和特效技术要求更高一些;对于商务浏览者,网站的安全性和易用性更为重要。

2. 需求调查

确定了网站的目标定位,开始进行建站调研。通常,公司的某个部门或小组在建网站时起领导作用。这样做的结果是网站只反映了这个部门或小组的需要而忽略了别的部门或小组的需要。比如很长时间以来,MIS部门负责建公司的网站,这样做的网站是功利性的,往往忽略了其他重要的部门,如市场部的需求。设计者在网站建设中应防止这种情况发生。在确定建立网站的目标时,必须考虑尽可能希望公司里的每个人,或者至少最重要的人被涉及这项工作中,听取他们对网站目标的意见,并最终就网站目标达成一致的意见,形成决定。换句话说,网站的内容和目标是客户和设计者通过协商、共同一致的表达。

开始做工程前,需要做两件事。首先,确定哪些人是参加定义网站的目标的关键人物。这取决于网站的性质。必须让客户觉得自己起了重要作用,倾听客户说的话,保证与客户互相沟通,但要保持清醒的头脑,始终采用科学的、工程的方法,并不是让哪个单独的人控制这个过程。

另外,还要确定做一个目标的正式定义或非正式定义。正式的定义涉及要召开一个有关键人物参加的会议。会前做好会议议程和有待解决问题的讨论列表,这项工作可能更多地需要管理工程的技巧。非正式的定义需要做这样的工作:拿着笔记本拜访每位参与者并与他们交谈,记下他们的想法,咨询他们的意见,当需要他们认可时还要返回来找他们确认。工程的规模是决定做正式或非正式定义的主要因素。

在确定哪些人参加网站设计之后,需要列出问题的清单。这些问题通过调动每个人的创造性来确定网站的任务和每个子目标。

基本问题包括以下内容:

(1)网站的任务或每个子目标是什么?

这是最重要的问题。阅读客户的任务陈述和商业计划会发现一些好主意。收集尽可能多的客户的表述,发现一些任务陈述或商业计划中没有明显提到的有价值的信息。

(2)网站的近期目标和远期目标是什么?

每个人都有关于网站的不同看法。很多客户可能没想得太长远,他们可能只想马上把网站建起来并使之运行。作为设计者应该比客户想得更长远些,因为这样会更有效地容纳网站流量的增长和网站内容变更。

(3)谁是确定的访问者？

大多数客户甚至没有仔细想过网站的访问者，这是设计网站的重大错误。如果对网站的访问者没有一个准确的定位，建立的网站肯定是与市场需求脱节的。

(4)为什么人们会访问你的网站？

考虑到底是什么最能吸引访问者？比如，是网站的产品吸引访问者，也可以是网站有独特的服务吸引访问者。考虑如何吸引访问者第一次访问你的网站，又如何吸引访问者还会再来。

编辑完上述问题清单后，向每个客户，也包括自己，问这些问题。不管说得多么琐碎，保证记下每个人所说的。在下一步，设计者必须精练这些问题的答案。

3.需求分析

在上述需求调查阶段，可能进行了会议座谈调查，或者花了一些时间调查客户需求，不论采用了哪种方式，都有了一堆问题的答案。现在，应该把这些混乱的答案整理和过滤一遍，应该把这些问题转变成一个个子目标，并指出哪些目标是最重要的。

首先，把访问者的答案分离出来，仔细分析后再处理，将其概述为目标并把它们列表。如果列表很长，把它们分类。把这些列表返回给客户看，让他们评价每个目标的重要性。如果已经将目标分类，让他们按类分别确定目标的重要性。

其次，也是最重要的部分，当收集了每个人的评价后，设计者需要把他们过滤成一个主表，将其交给公司重要人物审核，听取他的意见并予以更多的重视。但是，设计者要有自己的判断。有时候精通业务的工作人员可能比局外的主管有更好的建议。

有了一套清晰的目标后，还需要先保证对这些目标的确认，然后再去完成这些目标。把目标清单给相关客户阅读，以确定目标没有产生二义性。如果必要，召开一个会议做这些工作。最终，要确保客户同意并在网站目标清单上一一签名。

上述工作做完后，写一个可行性报告作为文档，把目标清单总结成几段，进行简单的概括。上述工作总结如下：

(1)仔细阅读客户的任务陈述和商业计划。
(2)网站的近期目标和远期目标是什么？
(3)确定谁是访问者？
(4)为什么人们会来到你的网站？
(5)把这些问题的混乱的答案过滤一遍，整理成目标列表。
(6)把这些列表返回给被调查者看，让他们评价每个目标的重要性。
(7)重新过滤整理成一个正式的目标清单，取得客户重要人物支持。
(8)如果必要，召开一个会议，确保客户同意并在网站目标清单上签名。

4.书写文档——网站的目标

例如：

第1章 可行性报告

§1.1 目标定义

§1.2 有客户签名的目标列表

§1.3 软硬件环境，拟采用的技术路线，队伍，财务预算……

6.2 概要设计

这一阶段的目标是回答为谁而建网站。

1. 定义访问者

如果不知道哪些人会访问你的网站,就不可能设计好的网站。定义访问者尽管比定义目标花的时间要少些,但这项工作相当重要。

需要把所有的访问者分类编辑成访问者清单。

例如,假设建一个卖汽车的网站。访问者的分类目录可能包括买方,卖方,经销商和其他访问者。其中买方应包括那些马上要买车的人,或者几个月内要买车的人,或者只是在研究而不能确定是否买车的人。其他访问者包括那些想知道网站建造者是谁的人,可能投资网站的人和查找不同信息的人。

让客户评价清单中每类访问者的重要性。收集其结果,建立一个新的访问者清单。把确定的访问者的清单交给客户,让他们写出清单中每类访问者最需要的是什么信息。再一次编辑其结果,建立相应的清单。让客户评价这些需要信息的重要性。处理完所有的意见后,把这些需要加入确定访问者的清单。

当然,可以缩短这个过程。你可以把评价访问者和评价他们的需要信息放到一起进行,这完全取决于时间的紧迫性。

2. 创建情节

情节就是用户访问网站的经历。情节也对实现网站的设计有帮助。如果情节与网站访问者的实际行为相匹配,设计者就设计对了。

设计情节时,可以假设用户的名字、背景和将要在网站中完成的任务,比如使用访问者目标清单中的一项任务。写一个关于如何在网站上完成此任务的故事。情节在以后定义网站的内容和功能需求时很重要。既然已经知道用户在网站上要做什么,就发挥想象力为用户写一个访问情节。如果这样的话,设计会完全超出想象。创建情节并不难,但可能很花时间。

3. 竞争性分析

设计者知道网站具有竞争力是设计过程中所遵循的好方法。必须浏览竞争对手的网站并很严肃地评价每一个竞争者,需要仔细分析竞争者的网站具体有什么内容。

可以把竞争者列一个清单。征询一下客户的意见,让客户帮助你对网站完全了解。同时做一些网络查询,可能会发现客户不知道的网站。

下一步,评价每个竞争者网站的一系列特征和规则。以目标作为开端,把它们作为竞争性分析特征的基础。评价网站时,加入认为有用的特征和功能。规则包括下载时间,页面大小,布局和感受等。有必要建一个表格:网站名作为行,特征和规则作为列。这个表格提供了一个对其他竞争者网站进行比较的、粗略的、客观的度量。下面是一个例子,如表 6.1 所示。

表 6.1　网站评价

General Site Features	Site1	Site2	Site3	Site4
Site Design(1—10)	5	2	5	5
Navigation(1—10)	4(frames)	2	4	4
Bookmarkable URLs		X		
Layout(1—10)	4(frame)	3	4	5
Look and Feel(1—10)	6	2	4	5
Advertising Allowed		X		
Personalization				
Personal Start Pages	X			
Email Newsletter	X	X		X
Saved Searches	X	X		
Technology				
JavaScript		X		X
Java				

如果设计者的网站已经建成,也应该对它进行评价。评价每个网站很简单,每个特征或规则可以用两种方式评价:X 或从 1 到 10 的数字。例如,如果网站不提供免费 E-mail 账号,可以用 X 表示。当然,对网站的评价免不了有一些主观因素。可以对每个网站做笔记,并把屏幕截取下来,这些对将来有人问为什么一些网站比另一些好时很有用。

最后,对评价的结果做文档。对每个网站记下它的优缺点、记的笔记和屏幕截取图像。以一段合适的时间来进行分析,如四个星期到三个月,作一个修订竞争性分析的计划,因为你的网站和你的竞争者会不断发展。竞争性分析本身就是一个工程。如果没有足够时间做合适的分析,做一个简化版也行。

4. 设计文档——访问者、场景和竞争性分析

在设计文档中建新一章:"需求说明书"。加入访问者定义和情节。可以把访问者定义和情节合并在一起,但是最好把它们放在不同的部分。然后,写竞争性分析的概要并放入设计文档中。竞争性分析本身可以作为附录。

例如:

第 2 章 需求说明书

§2.1 访问者定义

§2.2 访问者情节预测

§2.3 竞争性分析概述

附录 A:竞争性对手分析表

6.3 网站功能设计

这一阶段的目标是回答网站有什么。

1. 网站内容

既然已经知道你的网站要做什么和为谁而做，设计者现在可以设计网站将包含什么内容了。

这部分过程的要点是收集创建结构和网站组织的要素。设计者要回答两个问题：网站需要什么内容？需要什么功能？可以这样想：如果要建一艘玩具太空船，必须收集要用到的所有构件，这些构件代表了内容。再比如，如果希望玩具太空船动作起来，还需要选择要用哪些电动机和处理器，这些代表了功能。

收集信息和素材时，首先要创建一个新的总目录（文件夹）。例如，D:\我的网站，用其放置建立网站的所有文件，然后在这个目录下建立两个子目录："文字资料"和"图片资料"，以后增加的内容可再创建子目录。

2. 确定内容和功能

参照之前的目标清单、访问者的需求和竞争性分析列表，开始作两个新的清单：一个是网站的内容，一个是网站的功能。

内容的类型包括静态的、动态的、功能的、事物处理的等。静态内容包括版权信息、独家声明、成员规则等。功能性的内容应包括会员登录页、E-mail 通信登录页面以及其他涉及表单和事物处理的网页。设计者可以浏览竞争对手的网站，把他们好的内容和好的功能加入清单中。

当设计者建立这两个清单时，让客户检查一遍合并后的清单，确定清单中每个条目的重要性。如果有必要的话，反复修订清单。最终设计者得到一个完整的、认识一致的、重要权值不同的"内容、功能清单"。

设计者面对"内容、功能清单"列表进行评估，设计者具备完成每项功能需求的技术条件吗？设计者有足够的研发时间以及有足够的金钱购买相应的产品或自己开发吗？必须为能否完成每项需求做一个可行性评分。为了在合同工期前完成网站建设，一些需求能够如期完成，另一些需求可能无法按期实现，而有些需求则可能因重要性不够而只花较少的精力部分完成。

3. 分组和标记内容

从混乱走向秩序是这一步要实现的。在这里设计者要组织内容和定义网站的结构。在每个索引卡片上记下内容清单中的一项，把这些卡片分组，给每组一个名字，名字既要描述准确，又不能太长。把每组的名字和每组中的元素记下来。让每个开发人员完成上述工作。在每个人完成后，把他们的结果进行比较和对照。设计者可以把大家召集起来一起讨论每种方案的优缺点，或者与每个人单独交谈，或者只是设计者自己把他们的想法整合组织起来。让客户中的一些关键人物认可网站各部分的名称和内容,这对于这项工作的实施非常重要。

最终确定的内容分组方式和组名是网站的基础。但要注意:网站的内容都是易变的。它们的名称和内容可能在下一阶段发生改变。如果有必要,修订"内容、功能清单",以便反映最新的信息。

4. 设计文档——内容和功能

在设计文档中建新的一章:"内容和功能需求"。内容清单中出现的业务名词应该组织成"数据字典"。"数据字典"是设计文档附录的一部分,完成后让每个开发人员都能看到。

例如:

第3章　网站内容和功能描述

§3.1　内容分组和命名

§3.2　功能需求

附录B:数据字典

6.4　网站结构设计

这一阶段的目标是如何定义数据的组织,以方便用户访问网站内容。

1. 网站结构

通过学习前面的小节,已经掌握了网站的目标、访问者的范围以及网站的内容和功能设计,现在开始定义网站结构,这是设计者做其他事情的基础。

网站的结构就相当于人身体的骨架,没有它,网站将会呈现混乱。设计者必须考虑设计一个可扩充的、高度结构化的、易用的、相对独立的网站。只有完成网站结构设计,才能让网站的内容各就各位。另外,精心设计的结构能使定义网站的导航系统变得更容易。在这两者的基础上设计者才可以最后设计页面布局和模板。

合理的组织站点结构,能够加快对站点的设计,提高工作效率,节省工作时间。当需要创建一个大型网站时,如果将所有网页都存储在一个目录下,当站点的规模越来越大时,管理起来就会变得很困难,因此合理使用文件夹管理文档就显得很重要。

网站的目录是指在创建网站时建立的目录,要根据网站的主题和内容来分类规划,不同的栏目对应不同的目录,在各个栏目目录下也要根据内容的不同,对其划分不同的分目录,如页面图片放在images目录下;新闻在news目录下;数据库放在database目录下等,同时要注意目录的层次不宜太深,一般不要超过三层,另外给目录起名的时候要尽量使用能表达目录内容的英文或汉语拼音,这样会更加方便日后的管理和维护。如图6.1所示为企业网站的站点结构图。

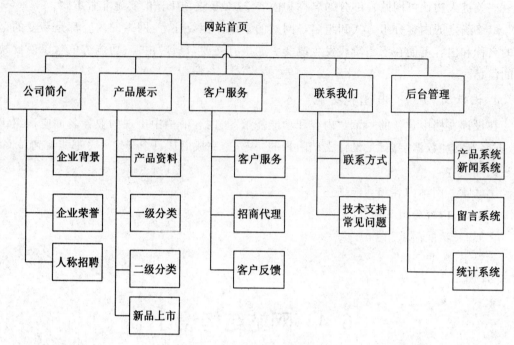

图 6.1　企业网站的站点结构图

2. 装饰风格

"装饰风格"就是网站结构的表现形式。网站结构可以尝试不同的装饰风格。好的装饰风格会在帮助用户使用和导航网站上起很好的作用。值得一提的是,不存在完美无缺的装饰风格,所以不必顽固地坚持一种风格。可以把几种装饰风格中的最好的部分糅合到一起并加以改进。

设计网站有三种有用的装饰风格可供参考:

1) 组织性装饰风格

组织性装饰风格依赖于已经存在的小组、系统或组织的结构。例如,如果要建一个卖百货的网站,装饰风格应该像一个超市。产品按类型(如罐装蔬菜、乳制品、谷类食品、快餐、家居用品等)逻辑地分类。注意:不能简单地复制进货公司现成的组织结构,因为买东西的顾客是不会关心超市经营的业务结构。

2) 功能性装饰风格

功能性装饰风格与某些软件环境实现的任务相似。例如,Photoshop 是一种图形软件,它有许多功能性装饰风格。使用 Photoshop 时可以象征性地在计算机上剪切、复制和粘贴图形,就像在现实世界中用剪刀和胶水一样。

3) 可视性装饰风格

可视性装饰风格基于多数人熟悉的常用图形元素。如果设计一个音乐网站,在这个网站中用户可以听音乐。这时候可以将随处可见的 CD 机上"开始"、"停止"和"暂停"等标志符号作为界面中的图标。

开始探索装饰风格时,以集中所涉及的人和他们的想法开始。仔细研究和评价每一种装饰风格。也许装饰风格的效果不会立刻显现。但通过把内容清单的不同部分与每种装饰风格对应起来,在经过一段反复的尝试经历之后,设计者必须为网站选择一种装饰风格或基本装饰风格准则。值得一提的是,没有完美无缺的装饰风格。

3. 网站结构的描述方法

假定设计者已经确定了网站的结构,现在有两种方法来描述网站结构。

第一种是基于文本的网站层次结构列表。

先根据网站结构列表的"根"确定网站的主要部分。下一步,把每部分的组织与内容清单的条目对应起来并采用缩进格式描写。重复此过程,最后把注意力集中到网站的细节上。完成的清单如下:

Section 1
  Section 1.1
  Section 1.2
Section 2
  Section 2.1
  Section 2.2
    Section 2.2.1
    Section 2.2.2
    Section 2.2.3
  Section 2.3
  Section 2.4
Section 3

第二种网站结构的描述方法是基于图形的网站结构化蓝图。

它是网站结构的可视化表示。它是一种显示网站中的元素如何分组和联系的图表。很多人通过网站的结构清单想象实际的网站有些困难。有了结构蓝图就容易多了,如图 6.2 所示。

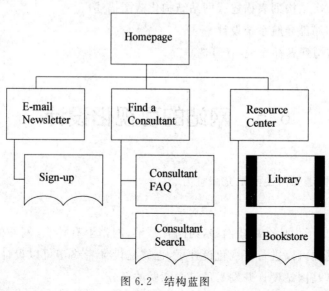

图 6.2 结构蓝图

需要做一些图例：如何在蓝图上表示在线连接、离线连接、页的成分、页的分组。可能要区分执行不同功能或事物处理的部分、动态产生的部分、只由文本组成的页面。如果网站很大，可能要做几张蓝图。

4．定义导航

用户如何访问网站？他们怎样从一个地方到另一个地方？怎样防止他们在网页中迷失方向？定义网站的导航系统可以解决这些问题。

对于一个网站一般要为其设计全局导航系统和局部导航系统两种。

网站的结构清单是设计全局导航系统的基础。全局导航系统应出现在网站的每页上，使用户能很方便地在不同部分之间跳转。如果可能，把全局导航的元素限制在5～7个之间。另一个方法是把网站的商标(如公司的标志)加入全局导航系统作为返回网站首页的连接。

局部导航系统出现在网站的某组上，使用户很方便地在组内跳转。局部导航可以有不同的形式。可以是主题的列表，可以是选项菜单的形式，或者可以是一些相关条目的列表。一个局部导航系统可以这样定义："对于一篇多章节的文章，每章的连接应出现在每页的结尾。使用章的标题作为指向那章的连接"。

5．设计文档

在设计文档中建新的一章"网站结构"。写一个关于网站结构背景概述。在写网站结构列表时，如果网站列表太长，先写一个简写的形式，而把其余部分放到附录C中。编辑网站结构蓝图并把它们加入设计文档。为全局和局部导航系统设计做文档。把结果公布给项目组每个开发人员。

例如：

第4章　网站结构

§4.1　网站结构概述

§4.2　网站层次结构列表描述或网站结构化蓝图描述

§4.3　全局和局部导航系统设计

附录C：网站结构列表补充说明(可选)

6.5　网站的可视化设计

这一阶段的目标是如何使网站充满魅力。

1．可视化设计

设计者已经完成了为什么要建网站，访问者是谁，网站上有什么(网站的内容)，所有的内容如何组织起来，现在可以进行可视化设计了，也就是设计者终于可以设计网页了(通常所说的写网页)。这通常是网站设计开发人员最愿意做的部分。

一个好的网站的可视化设计提供给用户一个想去的地方。用户需要知道他们正在哪儿，去过哪儿,以及怎么去想去的地方。

市面上一些编写网页的工具对可视化设计很有用,如 FrontPage 和 Dreamweaver 等。通常第一步是制作定义网站在页面一级上的结构和组织的布局网格,然后设计建立一般表现的框架。布局网格和设计框架一起构造页面模型。

在这儿,设计者可能需要图形设计人员、艺术指导、创作指导和产品工作人员的帮助。需要考虑的包括以下内容。

1)布局网格图

布局网格是描述网页的模板。内容需要放在第一位。设计者应该尽量缩减全局导航和局部导航占据的空间。公司的商标应出现在每页上。广告和赞助者也应包括在设计中。

参照网站结构的列表建一个包含所有可能网页类型的清单,在这些网页中,所有主要部分内容的网页的表现形式应该风格相似。根据网站内容、功能清单,确定最多两种或三种一般的页面类型,以设计这些页面类型开始,并把它们作为所有其他页面类型的设计基础。

下面是布局网格的一个例子,布局网格图如图6.3所示。

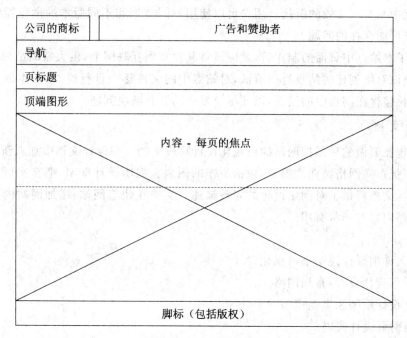

图 6.3 布局网格图

开始时,设计者用速写本或最喜欢的图形软件,画一个矩形表示一个页,然后开始页面中其他元素的定义。既然内容是最重要的元素,就以内容开始。必须考虑的其他元素包括商标、广告和赞助、导航、页标题、顶端图形、脚标(包括版权)。商标在每页中起重要作用是因为它告诉用户他还在该网站上。商标一般放在页的左上角。

广告和赞助可以以多种方式结合在一起。或许在每页上有一个全幅的广告条(如大小为 468 * 60 像素)。可以考虑把广告放在顶部,或把它放在每页标题下面;也可以把赞助集成在每页的图形标题中间,或每页的底部加一个小的赞助标志。

最后,设计导航也很重要。全局导航在网站的每页中保持一致。局部导航系统可以根据内容有所变化,但尽可能保持一致。

这是一个反复性的过程。设计者可能几次修改布局网格。如果有时间,可能需要为布局设计两种或三种风格。

2)设计框架和页面模型

设计框架和页面模型用来建立对网站的直观感受。它应该与修饰风格或网站结构基本原理结合起来。框架是布局网格图的具体实现。可以采用工具设计框架(frame),也可以采用HTML设计框架。设计页面模型涉及各个框架的页面表现形式。

版面布局完成后,就可以着手制作每一个页面了,通常都从首页做起,制作过程中可以先使用表格或层对页面进行整体布局,然后将需要添加的内容分别添加到相应的单元格中,并随时预览效果并进行调整,直到整个页面完成并达到理想的效果。然后使用相同的方法完成整个网站中其他页面的制作。

在将网站的内容上传到服务器之前,应先在本地站点进行完整测试,以保证页面外观和效果、链接和页面下载时间等与设计相同。站点测试主要包括检测站点在各种浏览器中的兼容性、检测站点中是否有失效的链接。用户可以使用不同类型和不同版本的浏览器预览站点中的网页,检查可能存在的问题。

在完成了对站点中页面的制作后,就应该将其发布到互联网上,供大家浏览和观赏。但是在此之前,应该对所创建的站点进行测试,对站点中的文件逐一进行检查,在本地计算机中调试网页以防止包含在网页中的错误,以便尽早发现问题并解决问题。

2. 设计文档

设计者现在要做的只是把网站的可视化设计写成文档。在设计文档中加入新的一章:"可视化设计"。把布局网格做在文档中,包括所作的图表。编辑设计框架,把充实页面的图片也加入文档中。文档提供了对网站设计的完整描述。文档在建造网站、增加网站内容和不可避免地修改网站内容时非常有用。

例如:

第5章　详细设计说明书可视化设计

§5.1　可视化设计:布局网格

§5.2　设计框架和页面模型

附录D:网页设计代码

以上介绍一些网站的设计技术。要实现真正的信息结构还要多多实践。

6.6 实施一项网站建设工程的一般步骤总结

实施一项网站建设工程的一般步骤:

1. 定义网站的目标(回答为什么建网站)

结束标志:可行性报告(包含目标定义,有客户签名的目标列表)。

2.概要设计(回答为谁而建网站)

结束标志:需求说明书(包含访问者定义,访问者情节预测,竞争性分析表)。

3.网站的内容和功能设计(回答网站有什么)

结束标志:信息字典(包含内容的分组和命名,功能描述)。

4.网站的结构设计(回答信息应如何组织,如何检索)

结束标志:结构设计说明书(包含基于文本的网站层次结构列表,基于图形的网站结构化蓝图,全局导航系统和局部导航系统)。

5.网站的可视化设计(回答怎样使网站充满魅力)

结束标志:详细设计说明书(包含布局网格图,框架设计与页面模型,网页设计代码)。

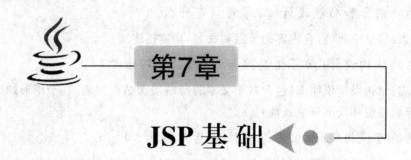

第7章 JSP 基础

7.1 JSP 概述

JSP 是一种运行在服务器端的脚本语言,它继承了 Java 的所有优点,是用来开发 Web 程序的重要技术。JSP 是在静态网页 HTML 代码中加入 Java 代码段和 JSP 标签,构成 JSP 网页文件,其扩展名为".jsp"。JSP 的成功之处在于动态代码的封装,如使用指令标记、动作标记、内置对象这些 JSP 元素,达到页面显示和数据处理的相互分离。

JSP 具有如下特点。

1) 一次编译,多次、多处运行,代码的执行效率高

当 JSP 第一次被请求时,JSP 页面转换成百分之百的 Java 代码 Servlet 程序,然后被编译成 .calss 文件,以后(除非页面有改动或 Web 服务器被重新启动)再有客户请求该 JSP 页面时,JSP 页面不被重新编译,而是直接执行已编译好的 .class 文件,因此执行效率特别高。

2) 组件的重用性

可重用的 JavaBeans 和 EJB(Enterprise JavaBeans)组件,为 JSP 程序的开发提供方便,可以将复杂的处理程序(如页面中需要显示的动态内容及对数据库的操作)放到组件中,从而减少了在 JSP 页面中重写重复的代码的工作。

3) 将内容的生成和显示进行分离

使用 JSP 技术,开发人员可以使用 HTML 标识来设计和格式化最终页面,页面上的动态内容一般被封装在 JavaBeans 组件、EJB 组件或 JSP 脚本段中。客户端查看源文件,看不到 JSP 标识的语句、JavaBeans 和 EJB 组件,从而可以保护源程序的代码。

7.1.1 JSP 页面结构

可以使用任何一种文本编辑器来编写 JSP 代码,编写完成后,只需将它保存为 .jsp 文件存盘即可。下面看一个简单的 JSP 页面"Hello World!",了解它和 HTML 静态页面的区别。

其源代码如下:

[例 7.1] 第一个 JSP 程序 Helloworld.jsp。

```
<%@page contentType="text/html;charset=gb2312"%>
<%@page info="JSP Example"%>
<html>
<head>
  <title>JSP Page</title>
</head>
<body>
<%
  out.println("你好,JSP! <br>");
  out.println("<br>Hello,World! <br>");
%>
</body>
</html>
```

例 7.1 结构和 HTML 文件很相似,事实上 JSP 页面主要由 HTML 和 JSP 代码构成,JSP 代码是通过"<%"和"%>"符号加入到 HTML 代码中间的。

(1) 程序中第 1 行和第 2 行是 JSP 的页面指令,该指令指出了 JSP 使用的脚本语言,并导入相应的类包。

(2) 第 3 行到 7 行与 HTML 中意义相同。

(3) 第 8 行到 11 行就是 JSP 中的脚本小程序。

运行 Helloworld.jsp 文件必须先启动 Tomcat 服务器,然后部署 Helloworld.jsp 文件到 Tomcat 容器中,有两种部署方式,具体内容如下。

(1) 复制文件 Helloworld.jsp 到 Tomcat 的信息发布目录 D:\Tomcat 7.0\webapps\ROOT 下。在浏览器中输入该文件的地址 http://127.0.0.1:8080/Helloworld.jsp,便会出现如图 7.1 所示的运行结果。

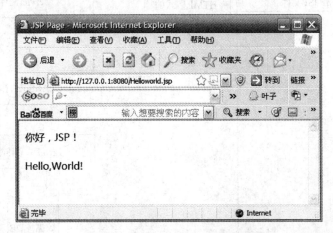

图 7.1 Helloworld.jsp 运行结果

(2) 先在 D:\Tomcat 7.0\webapps 下创建子目录\test,复制文件 Helloworld.jsp 到 D:\

Tomcat 7.0\webapps\test 子目录下。在浏览器中输入该文件的地址 http://localhost:8080/test/Helloworld.jsp，就可看到运行结果。

7.1.2　JSP 程序的运行机制

在上一节看到了 JSP 页面的运行结果，那到底 JSP 页面是怎样执行的呢？

JSP 的执行过程如下：

（1）客户端（如 IE 浏览器）向服务器（如 Tomcat）发出请求（Request）。

（2）JSP 服务器（如 Tomcat）将 JSP 翻译成 Servlet 源代码（即.java 代码）。

（3）将产生的 Java 代码进行编译，使之成为.class 文件，将.class 文件加载到内存执行。

（4）把执行结果（标准的 HTML 文本）作为响应（Response）发送至客户端由浏览器解释显示。

当第一次加载 JSP 页面时，因为要将 JSP 文件翻译为 Servlet，所以响应速度较慢。当其他客户再请求同一 JSP 页面时，JSP 服务器就会直接执行第一次请求时产生的 Servlet，而不会再重新翻译 JSP 文件，访问效率就高些。JSP 运行机制如图 7.2 所示。

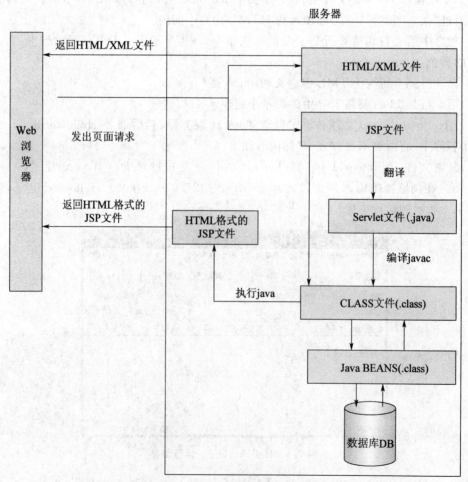

图 7.2　JSP 运行原理

7.2　Java Web 开发环境及开发工具

Java Web 应用开发过程就是如何使用 Java 语言及其相关的开发技术来完成 Web 应用程序的开发过程。开发 Java Web 应用程序,需要搭建相应的开发环境和使用开发工具。

(1)操作系统。本书客户端和服务器端操作系统均使用 Windows 7。
(2)Java 的软件开发工具包 JDK。本书使用 jdk1.7.0_65 版本。
(3)支持 JSP 的 Web 服务器。目前存在多种 JSP Web 服务器软件,比较有名的有 Apache 的 Tomcat,Caucho.com 的 resin,Allaire 的 Jrun,New Atlanta 的 ServletExec 和 IBM 的 WebSphere 等。本书选用免费开源的 Tomcat 服务器。
(4)数据库管理系统选用免费开源的 MySql。

7.2.1　JDK 的下载与安装

首先,我们必须完成 Windows 环境下 JDK 的安装,其安装步骤参见第 2 章。

7.2.2　Tomcat 服务器的安装与配置

Tomcat 服务器软件是当今使用非常广泛的 Web 服务器软件,该软件是免费开源的,可以从 http://tomcat.apache.org 处下载最新版本。本书使用 apache-tomcat-7.0.55 版本。对于微软的 Windows 7 操作系统,apache-tomcat-7.0.55 服务器软件提供两种安装文件:一种是 apache-tomcat-7.0.55.exe,另一种是 apache-tomcat-7.0.55.zip。本书下载 apache-tomcat-7.0.55.exe 安装文件。

1. 安装和配置 Tomcat

双击 Tomcat 安装文件 apache-tomcat-7.0.55.exe 将启动 Tomcat 安装程序,如图 7.3 所示。按照向导一直单击 Next 按钮,可自动完成 Tomcat 的安装。但要注意以下几点:

(1)安装目录:可自行设置 Tomcat 的安装路径。通常其默认路径是"C:\Program Files\Apache Software Foundation\Tomcat 7.0"。

(2)安装到如图 7.4 所示的安装界面时,要选择端口号和配置管理员的用户名和密码。可按照默认值安装,也可根据需要修改各项内容,但一定要记住修改后的端口号和管理员的用户名及密码,因为在以后使用 Tomcat 的过程中要用到这两项内容。一般按默认值安装(端口号为 8080,用户名:admin,密码:空)。

(3)在安装过程中安装程序会自动搜索 Java 虚拟机的安装路径,然后提供给用户确认,如图 7.5 所示。

(4)最后单击"安装"按钮,则可完成 Tomcat7.0 的安装。

图 7.3 Tomcat 安装向导首页

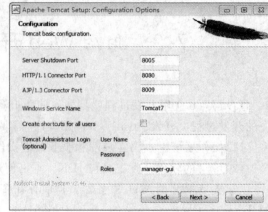

图 7.4 Tomcat 安装设置

2. 测试 Tomcat

打开浏览器,在地址栏输入 http://127.0.0.1:8080/ 或 http://localhost:8080/,将会打开 Tomcat 的默认主页,如图 7.6 所示。其中,127.0.0.1 和 localhost 均表示本地机器,8080 是 Tomcat 默认监听的端口号。

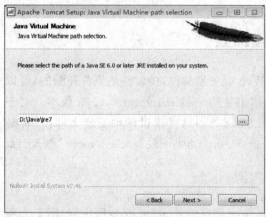

图 7.5 自动选择 JDK 安装路径

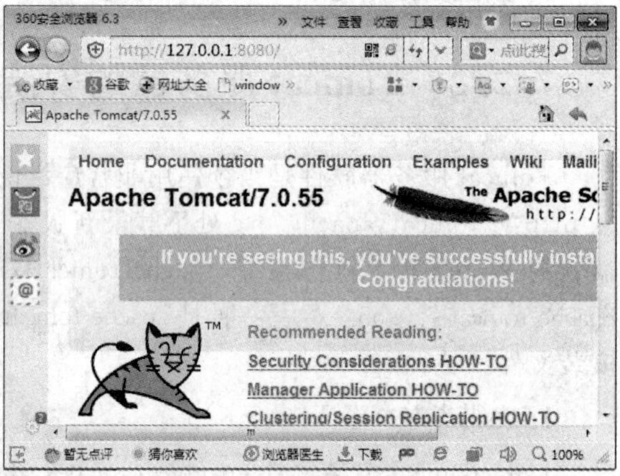

图 7.6 Tomcat 默认主页

3. Tomcat 的目录结构

Tomcat7.0 安装目录下有 bin、conf、lib、logs、temp、webapps 和 work 等子目录,其目录结构及其用途,如表 7.1 所示。

表 7.1 Tomcat 的目录结构及用途

目 录	用 途
/bin	存放启动和关闭 Tomcat 的脚本文件
/conf	存放 Tomcat 服务器的各种配置文件
/lib	存放 Tomcat 服务器和所有 Web 应用程序需要访问的 JAR 文件
/logs	存放 Tomcat 的日志文件

续表

目 录	用 途
/temp	存放 Tomcat 运行时产生的临时文件
/webapps	存放 Web 应用程序的目录及文件
/work	存放由 Tomcat 转化 JSP 生成的 Servlet 文件和字节码文件

7.2.3 Java Web 应用程序的目录结构

在 Tomcat 服务器上部署 Web 应用程序时,默认的路径是 Tomcat 的根目录下的 Webapps 目录。当不想把 Web 工程的文件部署在 Tomcat 的根目录下时,可以采用虚拟目录的方法。每个 Web 应用都有一个根目录,通常这个根目录就是这个应用的名字,假设这个根目录为 bookstore。每个 Web 应用中包含了大量的文件,比如 HTML 文件、JSP 文件、Java 文件、图片文件、配置文件和其他的类库,这些文件必须按照一定的结构加以组织。可以把 HTML 文件、JSP 文件和图片文件等界面相关的文件直接放在根目录下。为了便于管理,我们通常还会把文件进行分类。通常把 Web 应用分成若干模块,把每个模块相关的文件放在一个目录中。比如 bookstore 应用包括用户管理和图书管理,则可以在 bookstore 下分别创建 usermanagement 和 bookmanagement 子目录,然后把每个模块相关的文件放在该子目录中。Web 应用中可能还会存在大量的图片,为了便于管理,通常会在 bookstore 中创建一个名为 images 的子目录来保存所有的图片。并且可以创建一个 common 子目录来存放 Web 应用的各个模块中可能会用到一些共享的文件,如版权信息等。

此外,在 Web 应用中有一个比较特殊的子目录 WEB-INF,这个目录下的文件主要是供 Tomcat 服务器使用的。在 WEB-INF 目录下,包括 classes 和 lib 两个子目录及一个配置文件 web.xml。classes 用于存放所有与网站相关的编译后的 Java 类文件,lib 用于存放以压缩包 .jar 形式存在的 Java 类,web.xml 是每个 Web 应用都必须有的,是 Web 应用的配置文件,后面的章节中将会详细细述。

综上所述,一个 Web 应用的文档结构大致如下所示:

+ bookstore
　+ usermanagement
　+ bookmanagement
　+ images
　+ common
　+ WEB-INF
　　+ web.xml
　　+ lib
　　+ classes

7.3 JSP 基本语法

JSP 程序中的绝大部分标签是以"<%"开始,以"%>"结束的,被标签包围的部分称为 JSP 元素的内容。开始标签、结束标签和元素内容组成 JSP 元素。JSP 元素分为 3 种类型:脚本元素、指令元素和动作元素。

● 脚本元素:是嵌入到 JSP 页面中的 Java 代码,包括 JSP 注释、声明、表达式和脚本段。
● 指令元素:是针对 JSP 引擎设计的,它控制 JSP 引擎如何处理代码,包括 include 指令、page 指令和 taglib 指令。
● 动作元素:用于连接所要使用的组件,另外还可控制 JSP 引擎的动作,主要有 include 动作和 forward 动作。

7.3.1 JSP 脚本元素

JSP 脚本元素是可以在 JSP 中使用的动态编程语言,即可以在 JSP 中嵌入类似于 Java 的程序。JSP 脚本元素主要包括注释、声明、表达式和脚本程序。

1. 声明(Declaration)

JSP 声明用于声明将要在本 JSP 页面中用到的变量和方法,类似于 Java 中的变量声明。JSP 中的变量必须先声明、后使用。

其语法格式如下:

    <%! 声明;[声明;]…%>

例如:

    <%! int x1=0;%>
    <%! int a, b, c, count ; %>
    <%! long fact(int y){//声明 long fact(int y)方法
      if(y==0)return 1;
      else return y * y;
      }
    %>

2. 表达式(Expreesion)

JSP 表达式是由变量、常量组成的算式,Web 服务器会把 Java 表达式计算得到的结果转换成字符串,然后插入到页面中。其语法格式如下:

    <%=表达式%>

例如:

    <%=2 * count +1%>

又如：
```
<body>
Current time:<%=new java.util.Date()%> //显示被请求时的系统时间
</body>
```

3. 脚本程序（Scriptlet）

脚本程序是 JSP 的主要组成部分，它里面一般是一段 Java 代码，且必须符合 Java 语言要求。当 Web 服务器收到浏览器端请求时，这段 Java 代码（程序）会被编译执行，执行结果重新嵌入 HTML 后一起发送到浏览器端。其语法格式如下：

```
<% Java 代码；%>
```

下面以 JSP 脚本元素来举例，运行结果如图 7.7 所示。

[例 7.2] test7-2.jsp。

```
<%@ page contentType="text/html;charset=gb2312" language="java" %>
<html>
<head><title>JSP 脚本元素测试</title></head>
<!-- 下面是 JSP 声明部分 -->
<%!
  public int count；//声明一个整形变量（属于 Servlet 类变量）
  public String info(){ //声明一个方法
    return "jsp 声明测试";
  }
%>
<body>注释测试
<!-- 增加的 HTML 注释 --> <%-- 增加的 JSP 注释 --%>
<p>声明定义调用<br>
<%
  //将 count 值加 1 后输出
  out.println(count++);
%><br>
<%-- JSP 代码 --%>
<%
  //输出 info()方法的返回值
  out.println(info());
%>
<p>JSP 表达式示例<br>
<!-- 使用表达式输出变量值 -->
<%= count++ %>
<br><!-- 使用表达式输出方法返回值 -->
<%= info()%><p>
java 脚本测试<br>
<table bgcolor=#FFFFCC border=1>
<tr><td>i</td><td>i 平方</sup></td></tr>
<%
```

```
            for(int i=1;i<=5;i++){
%>
<tr><td><%=i%></td><td><%=i*i%></td></tr>
<%}%>
</table>
</body>
</html>
```

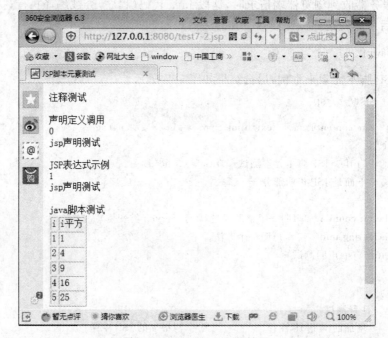

图 7.7　test7-2.jsp 运行结果

7.3.2　JSP 指令元素

JSP 指令是当 JSP 程序编译成 Servlet 程序时，由 JSP 引擎执行的指令，在客户端是不可见的。Web 服务器按照指令元素设置的指令执行动作或设置在整个 JSP 页面范围内有效的属性，所有的 JSP 指令都只在 JSP 整个文件范围内有效，并且不会向客户端产生任何输出。

JSP 指令包括 include 指令、page 指令和 taglib 指令。

指令的通用格式如下：

<%@ 指令名称 属性1="value"属性2="value"…%>

1. page 指令

page 指令称为页面指令，是应用于当前页面的指令，用来定义 JSP 页面的全局属性并设置属性值。这些属性将被用于和 JSP 容器通信，通常将其放在 JSP 页面的源代码首部。page 指令指定页面使用的脚本语言、JSP 代表的 Servlet 实现的接口、导入指定的类及软件包等。其格式如下：

```
<%@ page 属性1="value"属性2="value"…%>
```

在同一JSP页面中,page指令可以多个同时使用,除import属性可多次使用外,其他属性只能出现一次,page指令可使用的属性有import、language、extends、contentType、session、buffer、autoflush、isThreadSafe、info、errorPage、isErrorPage。例如:

```
<%@ page
    language="java"    extends="package.class"
    import="package.class"    session="true|false"
    buffer="none|8kb"    autoflush="true|false"
    isThreadSafe="true|false"    info="text"
    errorPage="relativeURL"
    contentType="text/html;charset=gb2312"
    isErrorPage="true|false"
%>
```

page指令的属性如表7.2所示。

表7.2 page指令的属性

属性	说明	设置值示例
language	指定用到的脚本语言,默认是Java	<%@page language="java"%>
import	用于导入java包或java类	<%@page import="Java.util.Date"%>
pageEncoding	指定页面所用编码,默认与contentType值相同	UTF-8
extends	JSP转换成Servlet后继承的类	Java.servlet.http.HttpServlet
session	指定该页面是否参与到HTTP会话中	true 或 false
buffer	设置out对象缓冲区大小	8kb
autoflush	设置是否自动刷新缓冲区	true 或 false
isThreadSafe	设置该页面是否是线程安全	true 或 false
info	设置页面的相关信息	网站主页面
errorPage	设置当前页面出错后要跳转到的页面	/error/jsp-error.jsp
contentType	设计响应jsp页面的MIME类型和字符编码	text/html;charset=gbk
isErrorPage	设置是否是一个错误处理页面	true 或 false
isELIgnord	设置是否忽略正则表达式	true 或 false

page指令所有属性的设置都是可选的,只有language属性采用默认值,其值为java。page指令属性可单独使用,也可多个同时使用,另外,page指令区分大小写。下面以page指令来举例,显示系统当前时间。

[例7.3] test7-3.jsp。

```
<%@ page language="java" import="java.util.Date" %>
<%@ page session="true"buffer="12kb" %>
```

```
<%@ page contentType="text/html;charset=gb2312"%>
<html>
<body>
    <h3>该测试使用了 page 指令的多个属性:
        <br>language|import|session|<br>buffer|contentType|charset<br></h3>
    <% out.println("你好,你看到我的时间和日期如下:<br>");%>
    <%=new java.util.Date().toLocaleString()%>
</body>
</html>
```

由于要使用日期类对象,所以要由 page 指令导入 java.util.Date 类,结果如图 7.8 所示。

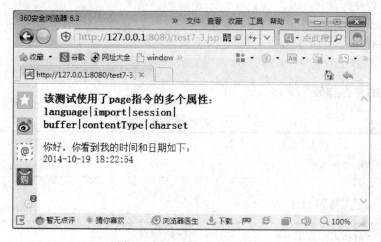

图 7.8   test7-3.jsp 运行结果

2. include 指令

include 指令称为文件加载指令,在该指令出现的位置静态嵌入一个文件,加载需要嵌入的文本或代码。它把文件静态嵌入指令出现的位置,然后合并成一个新的 JSP 文件,再由 JSP 引擎转译成 Java 文件。被嵌入的文件可以是 JSP 文件、HTML 文件、文本或是 Java 程序,被嵌入的文件必须是可访问和使用的。在开发 Web 应用时,如果有多个页面含有相同的功能,如登录验证功能、导航条等,可以把这些相同功能的内容放在一个文件中,然后由需要这些功能的页面使用 include 指令包含进来,从而可使 JSP 页面开发模块化,减少代码冗余,提高页面管理与维护效率。

include 指令格式如下:

```
<%@ include file="文件 URL"%>
```

include 指令只包含了一个 file 属性,文件 URL 是要嵌入文件的 URL,一般是指相对路径,不需要指明端口、协议和域名。如果被嵌入的文件与当前 JSP 位于同一个 Web 服务目录,"文件 URL"以文件名或路径名开始。

[例 7.4]   主文件 HelloJSP.jsp 的内容:

```
<%@ page contentType="text/html;charset=gb2312"%>
<html>
```

```
<body>
   Hello.jsp 包含进来的文件内容：<br>
      <%@ include file="jsp.txt"%>
</body>
</html>
```

被包含进来的文件 jsp.txt 的内容：

```
<%@ page contentType="text/html;charset=gb2312"%>
<% for(int i=1;i<=2;i++){ %>
   <H<%= i %>> 你好,JSP! </H<%= i %>>
<% } %>
```

运行结果如图 7.9 所示。

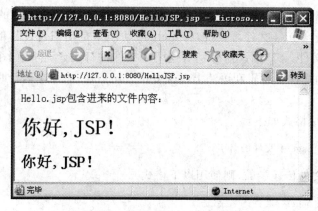

图 7.9　HelloJSP.jsp 运行结果

3. taglib 指令

taglib 指令用来指定页面能够调用的用户自定义标签。其指令格式如下：

　　　　<%@ taglib uri="taglibURI" prefix="tagprefix"%>

其中，uri 表示标签描述符，prefix 表示在 JSP 页面中引用这个标签时使用的前缀名。

7.3.3　JSP 动作元素

JSP 动作用来控制 JSP 引擎的行为，执行一些标准常用的 JSP 页面的动作，如动态插入文件、重用 JavaBeans 控件，设置 JavaBeans 的属性，导向另一个页面，为 Java 插件（Plugin）生成 HTML 代码等。

常用的 6 个 JSP 动作如下。

(1) <jsp:include /> 在页面运行时动态地插入一个文件。
(2) <jsp:forward /> 引导请求者进入新的页面。
(3) <jsp:plugin /> 插入一个 Applet 或 Bean 插件。
(4) <jsp:useBean /> 使用 JavaBean 控件。

(5)<jsp:setProperty /> 设置 JavaBean 属性。

(6)<jsp:getProperty /> 返回 JavaBean 属性值。

其中前 3 个属于控制标志，后 3 个属于 Bean 标志。

另外，还有实现参数传递子动作元素<jsp:params>，该子动作与<jsp:include>或<jsp:forward>配合使用，不能单独使用。

1. <jsp:include>动作

<jsp:include>动作在即将生成的页面上动态地插入文件，它在页面运行时才将文件插入，对被插入的文件进行处理。如果被插入的文件是文本文件，则直接把文件内容发送到客户端浏览器显示；如果被插入的是 JSP 文件，则 JSP 引擎执行该文件，然后把执行结果送客户端浏览器显示。如果被插入文件被修改过，则 include 动作可以判断出来，并对被插入文件重新编译。

include 动作与 include 指令有区别：include 指令静态包含其他文件的内容，组合成一新文件，然后编译成一个 class 文件再执行，而 include 动作则是动态包含其他文件，包含页面和被包含页面是两个文件，JSP 编译器分别对这两个文件进行编译，生成两个 class 文件。所以 JSP 页面与被包含的文件在逻辑和语法上是独立的。include 动作在运行时才进行引用，可动态传递参数。

include 动作语法格式如下：

  <jsp:include page="文件的名字" />

若向被包含的文件传递参数，则使用以下格式：

  <jsp:include page="文件的名字" />
    <jsp:param name="参数名 1" value="参数值 1">
    <jsp:param name="参数名 2" value="参数值 2">
    ……
  </jsp:include>

参数说明

● page="文件的 URL"：设置需要插入文件的 URL，该参数是一个相对路径或代表相对路径的表达式。

● <jsp:param>：<jsp:param>子句可以把一个或多个参数传送到被包含的文件中去，一个页面可以使用多个<jsp:param>传递多个参数。传递参数时，被包含的文件用以下语句获取传入的参数：

  request.getParameter("参数名")

[例 7.5] 将 two.jsp 包含至程序 jsp_include.jsp 示例。

主文件 jsp_include.jsp。

  <%@ page contentType="text/html; charset=gb2312" language="java" %>
  <HTML>
   <body>
    <a href="two.jsp"> 打开 two.jsp 页面！--> </a>

```
            <br>
        这个例子显示了 include 动作的工作情况！！！<br>
        <jsp:include page="two.jsp" flush="true" >
            <jsp:param name="userName" value="HelloJSP" />
            <jsp:param name="userPasswd" value="12345" />
        </jsp:include>
    </body>
</HTML>
```

被包含的文件 two.jsp。

```
<%@ page contentType="text/html; charset=gb2312" language="java" %>
<HTML>
    <body>
        举例说明 include 的工作原理：<br>
        this is a1= <%= request.getParameter("userName")%> <br>
        this is a2= <%= request.getParameter("userPasswd")%> <br>
        <% out.println("hello from two.jsp"); %>
    </body>
</HTML>
```

在例 7.5 中，主文件 jsp_include.jsp 中，第 8、9 行将数据"HelloJSP"和"12345"通过变量"userName"和"userPasswd"，传给另一个文件 two.jsp。而文件 two.jsp 利用 request 对象获取参数 userName 和 userPasswd 值。运行结果如图 7.10 所示。

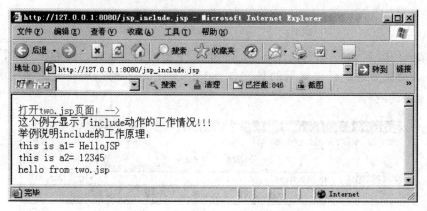

图 7.10　jsp_include.jsp 运行结果

2. <jsp:forward> 动作

forward 动作指令用于重定向页面，即在 forward 动作标记处出现，停止当前页面的执行，转向执行 page 属性指定的另一个页面，并在页面转向时清空缓冲区，页面中所有数据都不会发送到客户端，JSP 引擎也不再处理当前页面剩下的内容。在客户端看到的是原页面的地址，而实际显示的是另一个页面的内容。forward 动作在控制型的 JSP 页面中经常使用。

forward 动作语法格式如下：

```
<jsp:forward page="要转向页面 URL"/>
```

若向转向页面传递参数,则使用以下格式:

<jsp:forward page="要转向页面 URL">
  <jsp:param name="参数名 1"value="参数值 1"/>
  <jsp:param name="参数名 2"value="参数值 2"/>
  ……
</jsp:forward>

[**例 7.6**] 将表单页面转发至另一页面的应用。

主文件 jsp_forward.jsp。

<HTML>
  <HEAD><TITLE>native file</TITLE></HEAD>
  <BODY>
    here is native file!
    <jsp:forward page="forward.jsp"/>
  </BODY>
</HTML>

页面文件 forward.jsp。

<HTML>
  <HEAD><TITLE>forward file</TITLE></HEAD>
  <BODY>
    here is forward file!
  </BODY>
</HTML>

运行结果如图 7.11 所示。文件 jsp_forward.jsp 中的文字"here is native file!"没有在浏览器中显示,浏览器地址栏中显示的是文件 jsp_forward.jsp 的 URL,而页面显示的是 forward.jsp 文件的内容。

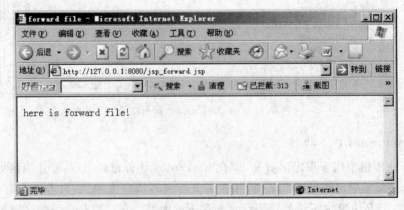

图 7.11 例 7.6 运行结果

3. <jsp:plugin>动作

plugin 动作是将服务器端的 Java 小应用程序(Applet)或 JavaBeans 组件下载到浏览器端

去执行,相当于在客户端浏览器插入 Java 插件。

它的语法格式为:

<jsp:plugin
　　type="bean | applet"
　　code="保存类的文件名"
　　codebase="类文件目录路径"[name="对象名"]
　　……
>
</jsp:plugin>

其主要属性含义如下:

(1)type 属性用来指明被插入对象的类型,这里只能是 applet 或 bean,且必须是其中一种。该属性不提供缺省值,必须自行设置。

(2)code 属性用来指明被插入对象的 Java class 名,必须是编译过的字节码(.class)文件。

(3)codebase 属性用来指明上面用 code 属性指明的 class 文件的目录名;它有默认情况,默认此 class 文件与这里运用 jsp:plugin 的 JSP 文件在同一目录下;假如不设定此属性,JSP 引擎就认定是默认情况,否则必须用此属性指定目录。

(4)name 属性用来指定被插入的 applet 或 bean 的对象名。

由于本节中的<jsp:useBean>、<jsp:setProperty>、<jsp:getProperty>这 3 个动作元素主要是对 JavaBeans 进行操作,故放在后面章节中介绍。

第8章

JSP 内置对象

8.1 JSP 内置对象概述

在 JSP 中,有些对象无需我们用 new 创建,它们是 Web 容器加载的一组标准对象,在编写 JSP 代码时,直接就可以使用它们,这些对象称为内置对象。内置对象的构建基础是 HTTP 协议,可以使用这些对象完成收集浏览器请求发出的信息、响应浏览器以及存储用户信息等工作,内置对象的应用大大简化了 Web 开发工作。JSP 提供了 9 个内置对象,它们是 request、response、out、session、application、config、pageContext、page 和 exception,最常用的是前 5 个对象。JSP 常用内置对象及它们的作用如表 8.1 所示。

表 8.1 JSP 内置对象说明

对象名称	所属类型	作用域	说 明
request	javax.servlet.http.HttpServletRequest	request	提供对客户端 HTTP 请求数据的访问
response	javax.servlet.http.HttpServletResponse	page	响应信息,用来向客户端输出数据
session	javax.servlet.http.HttpSession	session	用来保存在服务器与一个客户端之间需要保存的数据,当客户端关闭网站的所有网页时,session 变量会自动消失
out	javax.servlet.jsp.JspWriter	page	提供对输出流的访问
application	javax.servlet.ServletContext	application	应用程序上下文,允许 JSP 页面与包括在同一应用程序中的任何 web 组件共享信息

续表

对象名称	所属类型	作用域	说 明
pagContext	javax.servlet.jsp.PageContext	page	JSP 页面本身的上下文,它提供了一组方法来管理具有不同作用域的属性
page	javax.servlet.jsp.HttpJspPage	page	JSP 页面对应的 Servlet 类实例
config	javax.servlet.ServletConfig	page	允许将初始化数据传递给一个 JSP 页面
exception	java.lang.Throwable	page	由指定的 JSP "错误处理页面"访问的异常数据

内置对象作用域范围的说明如表 8.2 所示。

表 8.2 内置对象的作用域

作用域	
application	对象可以在与创建它的 JSP 页面属于相同的 Web 应用程序的任意一个 JSP 中被访问
session	对象可以在与创建它的 JSP 页面共享相同的 HTTP 会话的任意一个 JSP 中被访问
request	对象可以在与创建它的 JSP 页面监听的 HTTP 请求相同的任意一个 JSP 中被访问
page	对象只能在创建它的 JSP 页面中被访问

8.2 request 对象

request 对象主要用于接受客户端通过 HTTP 协议连接传输到 Web 服务器端的数据,例如我们在 FORM 表单中填写的信息等。request 对象是 javax.servlet.http.HttpServletRequest 的实例。request 对象用来封装一次请求,客户端的请求参数都被封装在该对象里。当客户端通过 HTTP 协议请求一个 JSP 页面时,JSP 容器会自动创建 request 对象并将请求信息包装到 request 对象中,当 JSP 容器处理完成后,request 对象就会销毁。

request 对象的常用方法主要用来处理客户端浏览器提交的请求信息,以便做出相应的处理。主要的方法如表 8.3 所示。

表 8.3 request 对象的主要方法

方 法	说 明
setAttribute(String name,Object obj)	用于设置 request 中的属性及其属性值
getAttribute(String name)	用于返回 name 指定的属性值,若不存在指定的属性,就返回 null
removeAttribute(string name)	用于删除请求中的一个属性
getParameter(string name)	用于获取客户端传送给服务器端的参数值
getParameterNames()	用于获取客户端传送给服务器端的所有参数名字

续表

方 法	说 明
getParameterValues(String name)	用于获取指定参数的所有值
getCookies()	用于返回客户端的所有 Cookie 对象,结果是一个 Cookie 数组
getCharacterEncoding()	返回请求中的字符编码方式
getRequestURI()	用于获取发送请求字符串的客户端地址
getRemoteAddr()	用于获取客户端 IP 地址
getRemoteHost	用于获取客户端名字
getSession([Boolean create])	用于返回和请求相关的 session。create 参数是可选的,true 时,若客户端没有创建 session,就创建新的 session
getServerName()	用于获取服务器的名字
getServletPath	用于获取客户端所请求的脚本文件的文件路径
getServerPort()	用于获取服务器的端口号
setCharacterEncoding(String charact)	指定请求编码,在 getParameter() 方法前使用,可以解决中文乱码问题

使用 request 对象调用相应的方法可以获得所需要的封装信息。例如,使用表单向 Web 服务器提交信息:

<form methed=get|post action="服务器端应用程序 URL">

用 post 或 get 方法提交 HTML 表单信息。使用 post 方法提交的数据不被显示,比较安全。使用 get 方法提交的数据会附加到请求的 URL 之后,将在地址栏目中显示出来,存在不安全因素。

关于 request 的方法使用较多的是 getParameter、getParameterNames 和 getParameterValues,一般通过调用这几个方法来获取请求对象中所包含的参数的值。利用表单传递参数,如例 8.1 所示。

[例 8.1] request.jsp 代码清单如下。

```
<%@ page contentType="text/html; charset=gb2312" language="java" %>
<HTML>
<body>
    <form action="receive.jsp" method="post">
      姓名:<input name="name"><br>
      年龄:<input name="age"><br>
      <input type="submit" value="提交">
    </form>
</body>
</HTML>
```

页面 receive.jsp 代码为:

第 8 章　JSP 内置对象　143

```
<%@ page contentType="text/html;charset=gb2312" language="java" %>
<HTML>
    <body>
        <% String name=request.getParameter("name");
           String age=request.getParameter("age");
        %>
        姓名:<%=name %>
        年龄:<%=age %>
    </body>
<HTML>
```

例 8.1 中数据提交之后,所输入的两个数据信息以参数 name、age 自动存放到 request 对象中,运行结果如图 8.1 所示。

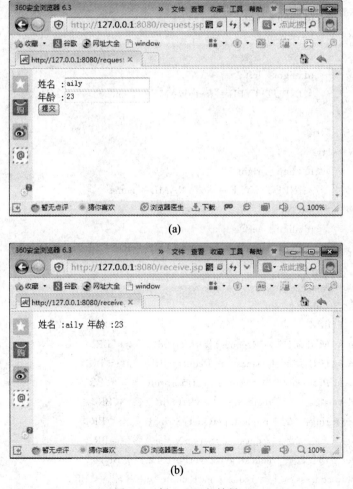

图 8.1　例 8.1 运行结果

例 8.1 在提交页面中若输入汉字名字,在接受页面则会出现乱码。其解决方法是设置接收表单数据的编码格式为 GB2312,防止数据读入中文乱码,即在 receive.jsp 页面 getParameter()方法前添加一行：

<%request.setCharacterEncoding("GB2312");%>

request 对象提供了一些用来获取客户信息的方法，利用这些方法可以获取客户端的 IP 地址、协议等有关信息。下面来看一个例子。

［例8.2］ 测试 request 对象（testRequest.jsp）。

```
<HTML>
  <HEAD><TITLE>test request</TITLE></HEAD>
  <BODY>
    <FORM ACTION="testRequest.jsp" method="post">
    <!－－ 使用两列表格显示 －－>
    <table>
      <tr>
        <td align="right">
          User Name：
        </td>
        <td align="left">
          <INPUT TYPE="text" NAME="name" />
        </td>
      </tr>
      <tr>
        <td align="right">
          <INPUT TYPE="text" NAME="name" />
        </td>
        <td align="left">
          <INPUT TYPE="reset" NAME="RESET" />
        </td>
      </tr>
    </table>
    </FORM>
    Request Method:<%=request.getMethod()%><BR>
    Request URI:<%=request.getRequestURI()%><BR>
    Request Protocol:<%=request.getProtocol()%><BR>
    Servlet path:<%=request.getServletPath()%><BR>
    Query string:<%=request.getQueryString()%><BR>
    Server name:<%=request.getServerName()%><BR>
    Server port:<%=request.getServerPort()%><BR>
    Remote address:<%=request.getRemoteAddr()%><BR>
    Remote host:<%=request.getRemoteHost()%><BR>
    Value of name:<%=request.getParameter("name")%>
  </BODY>
</HTML>
```

在浏览器中输入 http://127.0.0.1:8080/testRequest.jsp，可看到运行结果如图 8.2 所示。

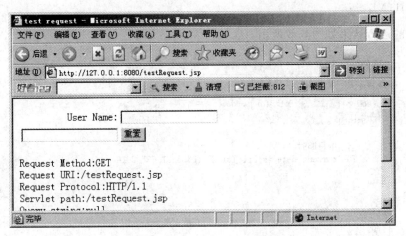

图 8.2　testRequest.jsp 运行结果

8.3　response 对 象

response 对象是 javax.servlet.http.HttpServletResponse 的实例。response 对象用于响应客户请求，由服务器向客户端发送数据，当服务器向客户端传送数据时，JSP 容器会自动创建 response 对象并将信息封装，当 JSP 容器处理完请求后 response 对象会被销毁。

response 对象常用的方法有页面重定向方法 sendRedirect、页面刷新或定时跳转 setHeader、设置状态行 setStatus 和设置文本类型 setContentType 方法等。

例如，将客户请求重新定位到百度网站（http://www.baidu.com）的代码如下：

　　response.sendRedirect("http://www.baidu.com")

请注意，forward 动作标记和 reponse 对象的 sendRedirect()方法都可以使页面重新定向，但是它们是有区别的。<jsp:forward>动作只能在本网站内转向，而 response 对象的 sendRedirect()方法可以转跳到任何页面。

又如，下面的例 8.3 说明了 response 对象使用 setHeader 方法来定时刷新页面。

[例 8.3]　测试 response 对象，让页面每隔 5 秒自动刷新（testResponse.jsp）。

　　<HTML>
　　<HEAD><TITLE>JSP date example</TITLE></HEAD>
　　<BODY>
　　<%@ page contentType="text/html; charset=gb2312"%>
　　<%@ page import="java.util.Date"%>
　　当前的日期时：
　　<%response.setHeader("Refresh","5");%>

The current date is <%=new Date()%>
</BODY>
</HTML>

例 8.3 的运行结果如图 8.3 所示。

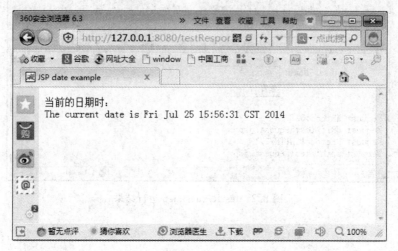

图 8.3 testResponse.jsp 运行结果

8.4 session 对 象

使用 session 对象保存客户访问网站期间,在多个页面之间跳转浏览的信息。从客户打开浏览器并连接到服务器开始,到客户关闭浏览器离开服务器为止,称为一个会话(session)。从客户端浏览器与站点建立连接起,开始会话,直到关闭浏览器时结束会话。会话对象保存浏览器和服务器之间多次请求和响应的过程。例如,网上书店应当允许客户在不同位置挑选不同的书籍,放入购物车,最后再一次性付款。在购书的过程中,服务器应当记住客户的个人信息和已选择的图书,这就需要在会话过程中存在一直有效的变量,即会话级变量,记录客户在这段时间内逻辑上相关联的不同请求。

session 对象是 javax.servlet.http.HttpSession 的实例。当用户与服务器连接时,服务器为每个用户创建一个 session 对象,并设定其中内容。创建的 session 对象之间相互独立,服务器可以借此来辨别用户信息,进而提供个别服务。session 常用于跟踪用户的会话信息,其属性可在多个页面之间共享。

session 对象主要作用是存储、获取用户会话信息,其主要方法如表 8.4 所示。

表 8.4 session 对象主要方法

方 法	说 明
object getAttribute(String attriname)	用于获取与指定名字相联系的属性,如果属性不存在,将会返回 null

续表

方 法	说 明
void setAttribute(String name,Object value)	用于设定指定名字的属性值,并且把它存储在 session 对象中
void removeAttribute(String attriname)	用于删除指定的属性(包含属性名、属性值)
enumeration getAttributeNames()	用于返回 session 对象中存储的每一个属性对象,结果集是一个 Enumeration 类的实例
long getCreationTime()	用于返回 session 对象被创建时间,单位为毫秒
long getLastAccessedTime()	用于返回 session 对象最后发送请求的时间,单位为毫秒
string getId()	用于返回 session 对象在服务器端的编号
long setMaxInactiveInterval()	用于返回 session 对象的生存时间,单位为秒
boolean isNew()	用于判断目前 session 是否为新的 session,若是则返回 true,否则返回 false
void invalidate()	用于销毁 session 对象,使得与其绑定的对象都无效

当需要在不同的 JSP 页面中传递数据时,在一个页面中使用 session.setAttribute()方法写入要传递数据,在另一个页面中使用 session.getAttribute()方法读出数据。

下面我们来看一个例子,假如在一个页面中用户登录成功,那么可以把它登录的信息保存在 session 中,这些信息包括用户名、密码、用户的类型等。该例子包含 3 个文件:session_login.html、check_session.jsp 和 loginsuccess.jsp。

[例 8.4] 用户登录页面(session_login.html):

```
<html>
  <body>
    <form method=post action="check_session.jsp">
    <table>
      <tr><td>name:</td>
        <td><input type=text name=name></td>
      </tr>
      <tr><td>password:</td>
        <td><input type=text name=password></td>
      </tr>
      <tr colspan=2>
        <td>登录类型:
          <input type=radio name=type value=manager Checked>超级用户
          <input type=radio name=type value=user>一般用户
        </td>
      </tr>
      <tr colspan=2>
        <td><input type=submit value=login></td>
```

```
        </tr>
      </table>
   </body>
</html>
```

登录验证页面(check_session.jsp)：

```jsp
<%@ page language="java" contentType="text/html; charset=gb2312"%>
<%
   String name=request.getParameter("name");
   String password=request.getParameter("password");
   String type=request.getParameter("type");
   //检查用户登录是否成功,这里假设用户名为 HelloJSP 就表示登录成功,
   //用户的验证通常通过连接数据库或者使用 role 来进行。
   if (name.equals("HelloJSP"))
   {
      session.setAttribute("name",name);
      session.setAttribute("type",type);
      response.sendRedirect("loginsuccess.jsp");
   }
   else
   {
      response.sendRedirect("session_login.html");
   }
%>
```

登录成功页面(loginsuccess.jsp)：

```jsp
<%@ page language="java" contentType="text/html; charset=gb2312"%>
登录成功。欢迎您!
<%@ page language="java" contentType="text/html; charset=gb2312"%>
<br><hr>
登录成功。欢迎您!!!!
<%=session.getAttribute("name")%>
<% if(session.getAttribute("type").equals("manager")) { %>
       <a href=supermaster.jsp>进入管理系统</a>
<% } else {%>
       <a href="user.jsp">进入使用界面</a>
<%} %>
```

当登录页面时,用户输入用户名、密码,并且选择用户的类型。登录过程包括验证,验证后 Web 服务器为访问站点的用户创建一个 session 对象,将一些相关的信息保存到 session 中,可以看出,通过 seesion.setAttribute()方法把相关的信息保存起来。然后通过 response.sendRedirect()方法把页面重定向到 loginsuccess.jsp 页面,使用 session.getAttribute()方法取出属性值。

在浏览器中输入 http://127.0.0.1:8080/jspobj/session_login.html,可看到运行结果如图 8.4、图 8.5 所示。

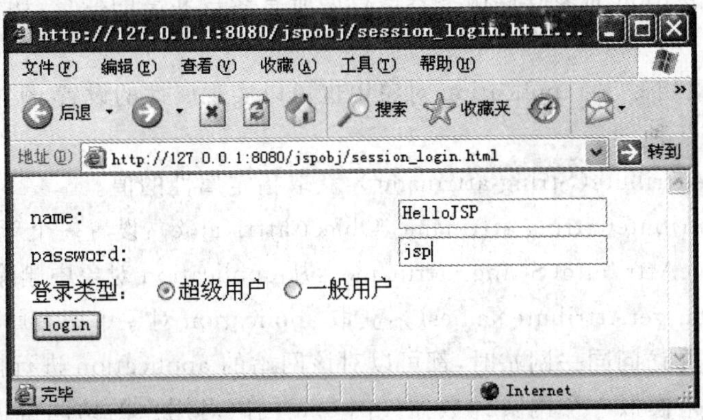

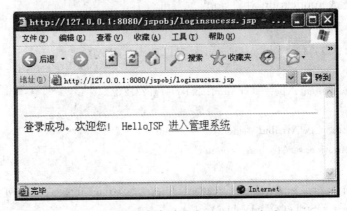

图 8.4 登录页面(session_login.html)

图 8.5 登录成功页面(loginsuccess.jsp)

8.5 application 对 象

  application 对象是 javax.servlet.ServletContext 类型的。application 对象是服务器运行期间所有客户共享的对象。它用于客户之间的数据共享,类似于服务器运行期间的全局变量。服务器启动后,新建一个 application 对象,在多个客户访问时,共享同一个 application 对象;服务器关闭后,释放该 application 对象。application 对象与 session 对象的不同之处如下。

  (1)每个客户拥有自己的 session 对象,保存客户自有信息。如果有 100 个访问客户,就有 100 个 session 对象。所有客户共享同一个 application 对象,保存服务器运行期所有客户的共享信息,即使有 100 个访问客户也只有 1 个 application 对象。

  (2)session 对象生命期从客户打开浏览器与服务器建立连接开始,到客户关闭浏览器为止,在客户的多个请求期间持续有效。application 对象生命期从服务器启动开始,到服务器关闭为止。

(3)可以使用 session 对象存储某个客户在一个会话期间的数据,如记录某个客户的姓名、密码等。使用 application 对象存储服务器运行期所有客户共享的变量,如记录所有客户的访问次数等。

与 session 对象相似,在 application 对象中也可以实现属性的设置、获取,application 对象的主要方法有以下几种。

(1)object getAttribute(String attriname):获取指定属性的值。

(2)void setAttribute(String attriname,Object attrivalue):设置一个新属性并保存值。

(3)void removeAttribute(String attriname):从 application 对象中删除指定的属性。

(4)enumeration getAttributeNames():获取 application 对象中所有属性的名称。

无论哪个用户在访问同一网站时,都可以对该网站的 application 进行操作,下面根据 application 这一特性来模拟一个网页计数器。例 8.5 代码对用户的访问量进行统计,使用 application 对象的 count 属性记录访客次数,如果是新客户,计数器加 1,并输出计数值。

[例 8.5] 测试 application 对象 applica.jsp。

```
<HTML>
<HEAD><TITLE>test application</TITLE></HEAD>
<BODY>
<%@ page contentType="text/html;charset=gb2312"%>
<%
    if(application.getAttribute("counter")==null)
        application.setAttribute("counter","1");
    else
        application.setAttribute("counter",Integer.toString(Integer.valueOf(application.getAttribute("counter").toString()).intValue()+1));
%>
你是第<%=application.getAttribute("counter")%>位访问者
</BODY>
</HTML>
```

8.6 out 对象

out 对象是向客户端输出流进行写操作的对象,用于各种数据的输出。与 response 对象不同,通过 out 对象发送的内容将是浏览器需要显示的内容,是文本一级的。它的生存期是当前页面。每个 JSP 页面都有一个 out 对象,out 对象发送的内容具有文本的性质。可以通过 out 对象直接向客户端发送一个由程序动态生成的 HTML 文件,常用的方法除了 out.print(String msg)和 out.println(String msg)之外,还包括对缓冲区进行操作的方法 clear()、clearBuffer()、flush()、getBufferSize()和 getRemaining()。

例如,下面代码中 out 对象用于向客户端输出数据,及获取 out 对象的缓存。
Out.println("缓冲区还有多少可用:"+out.getRemaining()+"<br>")
out 对象的主要方法和它们的功能如下。

(1)print()方法:输出数据,类型可以是 int、long、float、double、string、char、char[]、boolean、object 等。

(2)println()方法:输出数据,并换行。输出数据类型同 print()方法。

(3)clear()方法:清除缓冲区中的内容。如果缓冲区被清除过(flush),则抛出一个 IO 异常,表示数据已经写到客户响应流中。

(4)clearBuffer()方法:清除缓冲区当前的内容。与 clear()方法不同,如果缓冲区被清除过,则不抛出 IO 异常。

(5)getBufferSize()方法:返回以字节为单位的缓冲区大小,无缓冲区时返回 0。

(6)isAutoFlush():判断是否自动刷新缓冲区。是,返回 true;否,返回 false。

8.7 exception 对象

exception 对象用来发现、捕获和处理异常。它是 java.lang.Throwable 类的一个实例,是 JSP 文件运行异常时产生的对象。如果 JSP 页面在运行时有异常现象发生,则抛出一个异常。如果该页中定义了异常处理页,则由异常处理页面来处理异常(异常处理页面中要包含<%@ page isErrorPage="true"%>语句)。如果没有定义异常处理页,则由服务器处理异常,也可以在 catch 程序段捕获异常。

exception 对象常用方法如下。

(1)getMessage()方法:获取异常信息。

(2)toString()方法:获取该异常对象的简短描述。如果该对象包含异常消息字符串,则返回数据"对象的实际类名+':'+getMessage 方法的返回值"。如果该对象不包含异常消息字符串,则返回实际的类名。

[例 8.6] 使用异常处理页面处理异常。代码 exc.jsp 中的除法用 0 作为除数,抛出一个异常,在 catch 程序段捕获,由异常处理页面 excep1.jsp 处理异常。

exc.jsp 代码清单:

```
<%@page contentType="text/html;charset=GB2312" language="java" errorPage="excep1.jsp"%>
<html>
    <head><title>异常处理</title></head>
    <body>
      <%
         int a=10,b=0,c;
         try{
             c=a/b;
             out.print(c);
```

```
          }
          catch(ArithmeticException ae){
            throw new ArithmeticException("错误信息:"+ae.getMessage());
          }
        %>
      </body>
</html>
```

excep1.jsp 代码清单:

```
<%@page isErrorPage="true" contentType="text/html;charset=gb2312" language="java"%>
<html>
    <head><title>处理异常页面</title></head>
    <body>
        <center><font size=4 color=blue>处理页面页面</font><hr><font size=3 color=red>
        <%=exception.toString()%></font></center>
    </body>
</html>
```

8.8　JSP 其他内置对象

8.8.1　page 与 config 对象

　　page 对象是指向当前 JSP 程序本身的对象。page 对象是 java.lang.Object 类的实例对象,它可以使用 Object 类的方法,如 hansCode()、toString()等方法。Page 对象很少在 JSP 页面中使用。

　　config 对象保存页面初始化配置信息。config 对象主要方法有以下几种。

- getServletContext():获得 Servlet 与服务器交互的信息。
- getInitParameter(String name):返回由 name 指定名字的初始化参数值。如果参数不存在,则返回空值。
- getInitParameterNames(String name):返回所有初始参数名称的集合。如果参数不存在,则返回空值。

8.8.2　pageContext 对象

　　页面上下文对象 pageContext 被封装为 java.servlet.jsp.pageContext 接口,主要功能是存储与当前页面相关信息,如属性、内置对象等,并通过对象的方法获取当前页面信息。使用 pageContext 对象提供的方法,可以访问本页面的其他对象,如 request、response、session 等对象。

pageContext 对象的主要方法如下。
- setAttribute(String name,Object obj):由 obj 初始化 name 属性。
- getAttribute(String name):返回 pageContext 对象 name 属性的属性值。
- findAttribute(String name):按照 page、request、session 和 application 的次序查找 name 指定名字的对象属性。
- removeAttribute(String name):删除特定范围内的 name 属性。
- getAttributesScope(String name):返回一个整型数,表示与 name 给定名字相关对象的作用范围。

第9章

数据库访问技术JDBC

随着 Web 网络的迅猛发展，一种新的计算模式——B/S 计算模式迅速流行开来。将 Web 浏览器(Browser)/Web 服务器(Web Server)工作模式简称为 B/S 计算模式。事实上，B/S 工作模式就是一种特殊的 C/S 模式，在这种模式下，Web 浏览器就是 Client，Web 服务器就是 Server。只是 Web 服务器往往还要管理应用程序，而应用程序往往又要访问数据库服务器。因为 B/S 的这种特性，有人将 B/S 计算模式称为三层计算结构，如图 9.1 所示。

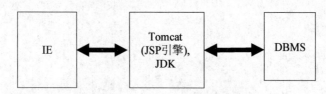

图 9.1　B/S 三层计算结构

数据库管理系统(DBMS)是一个具有存储、检索和修改数据的功能。目前，应用较多的 DBMS 有 Oracle、Sybase、DB2、Microsoft SQL Server 和 MySQL 等。配合 DBMS，用 JSP 开发 Web 应用离不开对数据库的编程，因为几乎所有的 JSP 项目都会使用到数据库。因此，掌握数据库编程技术非常重要。为了使 Java 程序员能够采用统一的编程方式访问各种数据库，Java 提供了一组标准的 API，称为 JDBC API，程序员就是使用这组 API 中的方法来连接和操作数据库。因此，在开发数据库应用程序时，需要学会做如下两件事：

(1) 得到相应 DBMS 的 JDBC 驱动程序。
(2) 学会使用标准的 JDBC API 完成对数据库的基本操作。

9.1　JDBC 简介

JDBC(Java Data Base Connectivity)是一种访问数据库的技术标准，它是一种能通过 Java 语言访问数据库的应用程序接口(JDBC API)，由一组用 Java 语言编写的类和接口组成。对于访问一些使用结构化查询语言 SQL 的关系型数据库尤为有效。

JDBC API 最大的特点是：对下，JDBC API 封装了各种底层数据源之间的差异；对上，JDBC API 提供标准的 SQL 界面。这使得上层应用对底层数据源的访问完全透明，这大大地简化了访问底层数据源的复杂性，真正做到了 JSP 与数据库无障碍沟通。

JDBC API 包括了如下两个包：

（1）java.sql：这个包中的类和接口主要针对基本的数据库编程服务，如生成连接、执行语句以及准备语句和运行批处理查询等。同时也有一些高级的处理，如批处理更新、事务隔离和可滚动结果集等。常用的接口均来自这个包。

（2）javax.sql：这是一个为数据库方面的高级操作提供了接口的类。如连接管理、分布式事务等。

9.2 JDBC 驱动程序

JSP 要操作数据库，还离不开 JDBC 驱动程序（JDBC Driver）。JDBC 驱动程序只适合特定的数据库系统和数据访问模型，这种驱动程序一般是依靠独立的软件公司开发的。主要的数据库系统厂商（如 Microsoft、Oracle、Informix、Sybase、MySQL 等）都提供对应的驱动程序。所有的 JDBC 驱动程序的列表可以在 http://www.oracle.com 网址找到。

JDBC 提供对两层（Two-tier Model）和三层（Three-tier Model）数据访问模型的支持。在两层模型中（见图 9.2(a)），应用程序与 JDBC 驱动程序交互，JDBC 驱动程序再直接和数据源（data source）进行交互，包括建立和管理连接、处理与底层数据源操作实现的细节。对照三层的数据访问模型（见图 9.2(b)），JDBC 驱动程序发送命令到一个中间层，再由中间层与数据库进行交互。这种结构设计，改善了商业应用的性能、伸缩性和有效性。

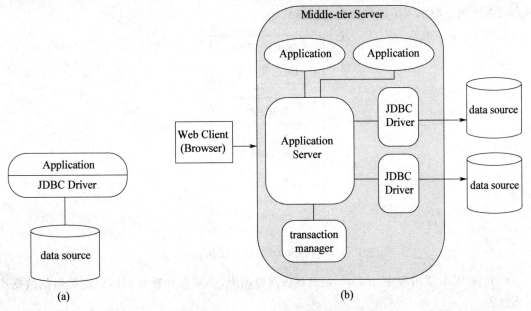

图 9.2 JDBC 的数据访问模型

有4种数据库驱动程序类型,常用的两种如下所述:

1) JDBC-ODBC 桥驱动程序

JDBC-ODBC 桥(见图9.3)驱动程序已经包含在 JDK 中,它提供了 JDBC 通过 ODBC 与数据库交互。这个桥驱动程序由 Sun 公司提供,不需要各种数据库的 JDBC 驱动程序,但每个数据库必须有 ODBC 的驱动程序。这种访问模型简单,但访问数据库的效率不高,不适合程序的重用与维护,不推荐使用。

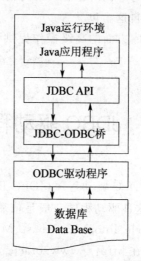

图 9.3 JDBC-ODBC 桥驱动程序

2) 纯 JDBC+DATABASE 的连接方式

这种驱动程序(一般由 DBMS 厂家提供)将 JDBC API 命令转换成数据库管理系统指定的本地调用,然后由本地直接调用操作数据库,如图9.4所示。这种两层模型比 JDBC-ODBC 桥驱动程序要快。现在大多数的数据库厂商都在其数据库产品中提供该驱动程序。本书所有数据库例子均采用了该数据库访问方式。

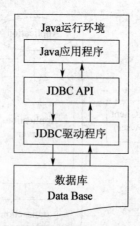

图 9.4 纯 JDBC+DATABASE 的连接方式

在 Java Web 应用程序开发中,如果要访问数据库,必须先加载数据库厂商提供的数据库驱动程序。

进入下载地址 http://dev.mysql.com/downloads/connector，下载 MySQL 数据库的驱动程序，下载文件为压缩文件 mysql-connector-java-5.1.31.zip，双击解压该文件，得到 MySQL 数据库的驱动程序文件 mysql-connector-java-5.1.31-bin.jar。

将驱动程序 mysql-connector-java-5.1.31-bin.jar，复制到 Web 应用程序的 WEB-INF\lib 目录下，Web 应用程序就可以通过 JDBC 接口访问 MySQL 数据库了。

9.3 JDBC API 主要接口

JDBC API 定义了许多接口和类，常用的接口主要有以下几个，这些接口都存放在核心 API java.sql 包和扩展 API javax.sql 包中，它们的名称和基本功能如下：
- java.sql.DriverManager：用来加载和注册不同的 JDBC 驱动程序，为创建连接数据库提供支持。
- java.sql.Connection：完成对某一数据库的连接功能。
- java.sql.Statement：在已创立的连接中作为执行 SQL 语句的容器。它包含两个重要的子类。
- java.sql.PreparedStatement：用于执行预编译的 SQL 语句。
- java.sql.CallableStatement：用于执行数据库中已经创建好的存储过程。
- java.sql.ResultSet：代表执行 SQL 语句后产生的数据库结果集。

9.4 连接数据库的基本过程

编写 Java 数据库应用的基本过程如下：
(1) 建立数据源。
(2) 导入用到的包。
(3) 加载驱动程序。
(4) 创建与数据库的连接。
(5) 创建语句对象。
(6) 编写 SQL 语句。
(7) 执行 SQL 语句。
(8) 处理得到的结果集。
(9) 关闭相关对象。
(10) 处理异常。

下面对上述过程进行介绍。

1) 建立数据源

比如，用 DBMS 创建一个数据库 jspdb，在 jspdb 中建立表 book。

2）导入用到的包

程序中要用到一些常用的接口和类，这些接口和类在 java.sql 包中。需要首先导入这个包。使用语句"import java.sql.*;"。

3）加载驱动程序

要访问数据库，首先必须加载相应的驱动程序，通过调用 Class.forName 方法完成。比如，MySQL 数据库的驱动程序的名字为"com.mysql.jdbc.Driver"，则加载驱动程序的语句是：

  Class.forName("com.mysql.jdbc.Driver");

如果使用的 DBMS 是 MS SQL Server，则加载驱动程序的语句是：

  Class.forName("com.microsoft.jdbc.sqlserver.SQLServerDriver");

如果使用 ODBC，则加载驱动程序的语句是：

  Class.forName("sun.jdbc.odbc.JdbcOdbcDriver");

4）创建与数据库的连接

应用程序不管对数据库进行什么操作，都需要先创建连接，然后操作。要连接数据库，首先要知道数据库的有关信息，这些信息包括数据库的位置、用户名和密码 3 个参数。其中，数据库的位置包含数据库所在的主机名、所使用的端口。例如：Oracle 数据库使用的默认端口是 1521，MS SQL Server 数据库使用的默认端口是 1433，MySQL 数据库使用的默认端口是 3306。创建连接对象 con 的语句如下：

  Connection con = DriverManager.getConnection(data_source_name,"myLoginID","myPassword");

下例是对 MySQL 创建连接对象 con 的语句：

  Class.forName("com.mysql.jdbc.Driver").newInstance();
  String url="jdbc:mysql://localhost:3306/mydb";
  String user="root";
  String password="123456";
  Connection con= DriverManager.getConnection(url,user,password);

jdbc:mysql:表示连接子协议，localhost 表示主机地址，3306 表示连接端口，mydb 表示连接的数据库，root 表示账号，123456 表示口令。

一个应用程序可与单个数据库有一个或多个连接，或者可与许多数据库有连接。

5）创建语句对象

Web 应用不管对数据库执行什么操作，都是通过执行 SQL 语句来完成的。Statement 类就是用于在连接上运行 SQL 语句，并返回结果。创建语句对象的代码如下：

  Statement stmt=con.createStatement();

6）编写 SQL 语句

根据要完成的功能，编写相应的 SQL 语句。最常用的 SQL 语句有如下几个：

添加：insert 语句。

删除：delete 语句。

查询：select 语句。

修改：update 语句。

在程序中，SQL 语句以字符串的形式出现，比如，定义一条查询语句代码如下：

　　String sql="select * from usertable";

7）执行 SQL 语句

使用前面创建的语句对象（比如 stmt）来执行 SQL 语句。语句对象提供了多个执行 SQL 语句的方法，常用的有两个。

● executeQuery(String sql)：主要用于执行有结果集返回的 SQL 语句，如 select 语句。

● executeUpdate(String sql)：主要用于执行没有结果集返回的 SQL 语句，如 insert、delete、update 语句。

例如，要执行上述查询语句，在程序中可使用下面的代码：

　　ResultSet rst = stmt.execute(sql);

因为有查询结果返回，所以，要创建 ResultSet 类的对象 rst 来接收这个结果集。

8）处理得到的结果集

如果前面执行的 SQL 语句是 insert、delete、update 语句，则不需要处理查询结果；如果前面执行的 SQL 语句是查询语句 select，就需要对返回的结果集进行数据处理，转化为对象。

处理结果集的过程就是对结果集的遍历过程。对行的遍历，使用结果集 rst 的 next()方法。而获取某一列，使用 getXXX()方法。如 getInt()用于获取整数字段的值，getString()用于获取字符型字段的值。例如，要以字符串的形式获取第 1 列，可使用下面的代码：

　　String userid = rst.getString(1);

9）关闭相关对象

对数据库操作完毕，必须及时关闭上面创建的若干个对象，以便释放这些对象占用的资源。代码如下：

　　rst.close();
　　stmt.close();
　　con.close();

10）处理异常

因为在对数据库的操作中可能会发生各种各样的异常，所以，程序应该对异常进行处理。把所有可能出错的代码放在 try 语句中，把出错后的处理代码放在 catch 语句中，不管是否出错都要把处理的代码放在 finally 语句中。下面给出 Java 访问数据库的代码段。

　　String className="com.mysql.jdbc.Driver";
　　String url="jdbc:mysql://localhost:3306/bookstore";
　　String username="root";
　　String password="123456";
　　String tableName="book";
　　try{
　　　　Class.forName(className).newInstance();//装载 JDBC 驱动程序

```
        Connection con= DriverManager.getConnection(url,username,password);
        Statement stmt=con.createStatement();
        ResultSet rst=stmt.executeQuery("select * from "+tableName);
        while(rst.next()){
           for(int i=0; i<rst.getMetaDate().getColumnCount(); i++)
              System.out.print(rst.getString(i+1));
           System.out.println();
        }
     }catch(Exception e){
        System.out.println(e.toString());
     }finally{
        try{rst.close();}catch(Exception ee{}
        try{ stmt.close();}catch(Exception ee{}
        try{ con.close();}catch(Exception ee{}
     }
```

其中,rst.getMetaDate().getColumnCount()指出结果集中的列数。

9.5 JDBC 在 JSP 中的应用

前面介绍了 JDBC 访问数据库常用的接口及连接数据库的基本过程,本节将通过一个具体的例子来演示这些接口的应用,并且介绍在数据库中执行不同操作的方法。在数据库编程中,主要涉及的操作有查询数据、添加数据、更新数据、删除数据。

在介绍具体编程之前,请先安装 MySQL 数据库系统。

9.5.1 MySQL 数据库及数据表的建立

本节将介绍一个简单的图书信息管理的 Web 应用。下面给出相应的数据表,以及用于创建数据表的 MySQL 脚本 book.sql,如表 9.1、例 9.1 所示。

表 9.1 图书信息表

字段名	字段类型	字段说明
BkID	Varchar(30)	图书编号
bkName	Varchar(100)	图书的名字
bkPublisher	Varchar(100)	出版社的名字
bkPrice	Float	图书的价格

[例 9.1] 创建 Book 表格的 SQL 脚本 book.sql。

```
//使用 jspdb 数据库
use jspdb;
```

第 9 章 数据库访问技术 JDBC

```
//创建数据表 Book,建立相关字段
create table book(bkId varchar(30),
        bkName varchar(100),
        bkPublisher varchar(100),
        bkPrice float,
        constraint pk_book primary key(bkId));
//插入 4 条图书信息记录
insert into book values('05-01-10-1','《JSP 应用开发实例详解》','电子工业出版社',59.8);
insert into book values('05-01-12-2','《Oracle8i 数据库管理员分册》','机械工业出版社',65.8);
insert into book values('05-02-20-3','《J2EE1.4 基础教程》','清华大学出版社',26.6);
insert into book values('05-02-18-4','《J2EE 技术参考手册》','电子工业出版社',90.8);
```

启动 MySQL5.5 命令窗口,输入以上 SQL 语句建立数据表,如图 9.5 所示。

图 9.5 建立数据表

9.5.2 JSP 访问数据库程序设计

在执行所有数据库相关操作,如浏览数据、查询数据、更新数据、删除数据、创建数据表等之前,先确保 JDBC 驱动程序 mysql-connector-java-5.1.31-bin.jar,复制到 Web 应用程序的 WEB-INF\lib 目录下。

1. 查询图书信息

[例 9.2] (queryBook.jsp)用于从网页中显示所查询到的图书信息,代码如下。

```
<%@ page contentType="text/html;charset=gb2312"%>
<%@ page language="java" import="java.sql.*,java.io.*"%>
<html>
<body>
```

```
<center><b>图书信息浏览<hr>
<table border=3>
  <tr><td><b><center>ID 号</td>
   <td><b><center>书 名</td>
   <td><b><center>出版社</td>
   <td><b><center>价 格</td>
  </tr>
<%
    Class.forName("com.mysql.jdbc.Driver").newInstance();
    Connection con=java.sql.DriverManager.getConnection
      ("jdbc:mysql://localhost:3306/jspdb","root","123456");
    Statement stmt=con.createStatement();
    ResultSet rst=stmt.executeQuery("select * from book;");
    while(rst.next()){ //输出查询结果
      out.println("<tr>");
      out.println("<td>"+rst.getString("bkId")+"</td>");
      out.println("<td>"+rst.getString("bkName")+"</td>");
      out.println("<td>"+rst.getString("bkPublisher")+"</td>");
      out.println("<td>"+rst.getFloat("bkPrice")+"元"+"</td>");
      out.println("</tr>");
    }
    //关闭连接、释放资源
    rst.close();
    stmt.close();
    con.close();
%>
</table>
</body>
</html>
```

在浏览器中输入：http://127.0.0.1:8080/jspdb/queryBook.jsp，执行结果如图9.6所示。

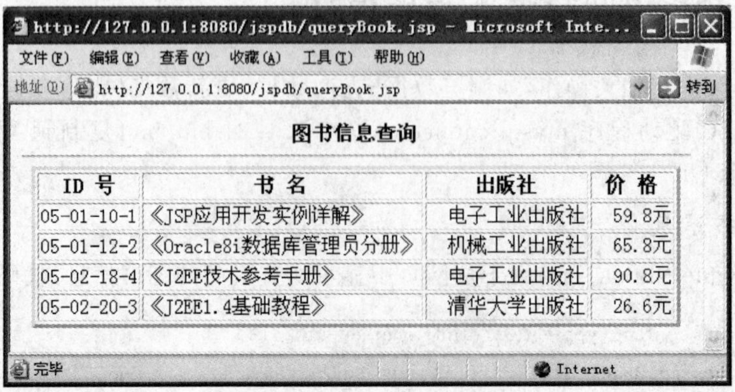

图9.6 查询图书信息

2. 添加图书信息

例 9.3 用于向数据库中添加两条新的图书信息,其过程与例 9.2 相似,只是所执行的 SQL 语句不同。在这个例子中,我们使用了 PreparedSatement 和 Satement 两种方式来添加数据。前者用于执行预处理的语句,可以多次使用,适于反复执行某个操作。代码如下:

[例 9.3] 添加图书信息(insertBook.jsp)。

```
<%@ page contentType="text/html;charset=gb2312"%>
<%@ page language="java" import="java.sql.*,java.io.*"%>
<html>
<body>
<center>添加图书信息<hr>
<table border=3>
  <tr>
    <td><b><center>ID 号</td> <td><b><center>书 名</td>
    <td><b><center>出版社</td> <td><b><center>价 格</td>
  </tr>
<%
try{ //装载驱动程序
  Class.forName("com.mysql.jdbc.Driver").newInstance();
  //创建连接
  Connection con=java.sql.DriverManager.getConnection
    ("jdbc:mysql://localhost:3306/jspdb","root","123456");
  //====使用 PreparedStatement 添加数据====//
  PreparedStatement pstmt=con.prepareStatement("insert into book values(?,?,?,?)");
  pstmt.setString(1,"05-01-18-1");
  pstmt.setString(2,"《SQL Server 7.0 设计实务》");
  pstmt.setString(3,"人民邮电出版社");
  pstmt.setDouble(4,55.6);
  //执行插入数据操作。
  pstmt.execute();
  pstmt.close();
  //====使用 Statement 添加数据====//
  Statement stmt=con.createStatement();
  //一次添加一行数据
  stmt.execute("insert into book(bkid,bkName,bkPublisher,bkPrice)"+
    "values('05-02-20-1','《Oracle24X7 技术与技巧》','机械工业出版社','85.6')");
  out.println("<tr><b>添加数据成功,请浏览:<br></tr>");
  //显示添加后的全部图书信息
  ResultSet rst=stmt.executeQuery("select * from book;");
  while(rst.next()){
    out.println("<tr>");
    out.println("<td>"+rst.getString("bkId")+"</td>");
    out.println("<td>"+rst.getString("bkName")+"</td>");
```

```
            out. println("<td>"+rst.getString("bkPublisher")+"</td>");
            out. println("<td>"+rst.getFloat("bkPrice")+"元"+"</td>");
            out. println("</tr>");
         }
         //关闭连接、释放资源
         rst. close();
         stmt. close();
         con. close();
     }catch(Exception e){ e.printStackTrace(); }
%>
</table>
</body>
</html>
```

在浏览器中输入：http://127.0.0.1:8080/jspdb/insertBook.jsp，执行结果如图 9.7 所示。

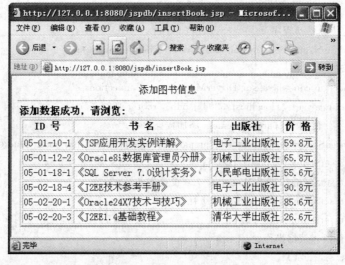

图 9.7 添加图书信息

3. 更新图书信息

[**例 9.4**] （updateBook.jsp）用于更新数据库中的第一条图书记录的价格数据。代码如下：

```
<%@ page contentType="text/html; charset=gb2312"%>
<%@ page language="java" import="java.sql.*,java.io.*"%>
<html>
<body><center>更新图书信息<hr>
  <table border=3>
    <tr>
      <td><b><center>ID 号</td>  <td><b><center>书 名</td>
      <td><b><center>出版社</td>  <td><b><center>价 格</td>
```

```
          </tr>
<%
    try {
        Class.forName("com.mysql.jdbc.Driver").newInstance();
        Connection con=java.sql.DriverManager.getConnection
            ("jdbc:mysql://localhost:3306/jspdb","root","123456");
        Statement stmt=con.createStatement();
        int col=stmt.executeUpdate("update book set bkPrice=86.5 where bkId='05-01-10-1' ");
        out.println("<tr><b>成功更新"+col+"条数据,请浏览:</tr>");
        //显示更新后的全部图书信息
        ResultSet rst=stmt.executeQuery("select * from book;");
        while(rst.next()){
            out.println("<tr>");
            out.println("<td>"+rst.getString("bkId")+"</td>");
            out.println("<td>"+rst.getString("bkName")+"</td>");
            out.println("<td>"+rst.getString("bkPublisher")+"</td>");
            out.println("<td>"+rst.getFloat("bkPrice")+"元"+"</td>");
            out.println("</tr>");
        }
        rst.close();
        stmt.close();
        con.close();
    } catch(Exception e){ e.printStackTrace(); }
%>
</table>
</body>
</html>
```

在浏览器中输入:http://127.0.0.1:8080/jspdb/updateBook.jsp,执行结果如图 9.8 所示。

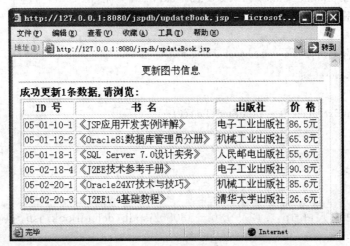

图 9.8　更新图书信息

4. 删除图书信息

[**例 9.5**] 用于删除数据库中出版社为"机械工业出版社"的所有图书,代码如下:

删除图书信息(deleteBook.jsp)

```jsp
<%@ page contentType="text/html;charset=gb2312" %>
<%@ page language="java" import="java.sql.*,java.io.*"%>
<html>
<body>
<center>删除机械出版社出版的图书信息<hr>
<table border=3>
  <tr><td><b><center>ID 号</td> <td><b><center>书 名</td>
    <td><b><center>出版社</td> <td><b><center>价 格</td>
  </tr>
<%
  try{
    Class.forName("com.mysql.jdbc.Driver ").newInstance();
    Connection con=java.sql.DriverManager.getConnection
      ("jdbc:mysql://localhost:3306/jspdb","root","123456");
    Statement stmt=con.createStatement();
    boolean col=stmt.execute("delete from book where bkPublisher='机械工业出版社'");
    out.println("<tr><b>成功删除记录,请浏览:</tr>");
    //显示更新后的全部图书信息
    ResultSet rst=stmt.executeQuery("select * from book;");
    while(rst.next()){
      out.println("<tr>");
      out.println("<td>"+rst.getString("bkId")+"</td>");
      out.println("<td>"+rst.getString("bkName")+"</td>");
      out.println("<td>"+rst.getString("bkPublisher")+"</td>");
      out.println("<td>"+rst.getFloat("bkPrice")+"元"+"</td>");
      out.println("</tr>");
    }
    rst.close();
    stmt.close();
    con.close();
  } catch(Exception e){e.printStackTrace();}
%>
</table>
</body>
</html>
```

在浏览器中输入:http://127.0.0.1:8080/jspdb/deleteBook.jsp,执行结果如图 9.9 所示。

本章主要介绍了 JDBC 的基本概念和编程的基本技巧,在数据库编程中,主要涉及的操作

图 9.9 删除图书信息

有查询数据、更新数据、删除数据、创建数据表，并且为这些不同的类型的操作提供了实例。

总结一下 JSP 数据库编程的一般过程。

1）加载驱动程序

　　Class.forName("com.mysql.jdbc.Driver")

2）连接数据库

　　Connection con=DriverManager.getConnection
　　("jdbc:mysql://localhost:3306;DatabaseName=jspdb","root","123456")

3）执行 SQL（创建 SQL 语句，执行 SQL 语句）

　　Statement stmt=con.createStatement()
　　ResultSet rst=stmt.executeQuery("select * from book;")

4）关闭连接

　　rst.close(); stmt.close(); con.close()

至此，已经学会了 JDBC 应用基础，并学会了怎样建立一个表，怎样在表中插入值，怎样查询表，怎样查找结果，怎样修改表中记录。到目前为止，尽管使用的例子只是作一些简单的查询操作，但是只要下载的驱动程序和 DBMS 支持，同样能够发送非常复杂的 SQL 语句，如存储过程等。

第10章 模式1：JSP+JavaBeans开发模式

10.1 JavaBeans 简介

虽然JSP允许在其中嵌入Java代码段完成一些复杂的数据处理，但如果Java代码段太长，维护会很困难且代码不能共享调用。最好的办法就是将Java代码从JSP中分离出来，以JavaBeans的形式封装，供JSP调用。

JavaBeans是Java Web程序的重要组成部分，是一个可以重复使用的软件组件，是一个遵循特定写法的Java类，它封装了数据和业务逻辑，供JSP或Servlet调用，完成数据封装和数据处理功能。

使用JavaBeans可以提高代码的重用性，一个成功的JavaBeans组件应是"一次性编写，任何地方执行，任何地方重用"。

JavaBeans可分为两种：一种是有用户界面的JavaBeans，如Java的工具集AWT（窗口抽象工具集），还有一种是没有用户界面，更多地被应用到JSP中，主要负责表示业务数据或者处理事务的JavaBeans，如访问数据库，执行查询操作的JavaBeans，它们在运行时不需要任何可视的界面。在JSP程序中所用的JavaBeans一般以不可见的组件为主（即处理内部事务，不输出）。

10.2 JavaBean 的设计

10.2.1 一个简单的JavaBean例子

创建JavaBean并不是一件困难的事情，实际上就是编写一个Java类，下面来看一个简单的JavaBean。

[例10.1] SimpleBean.java。

```java
package chapter10;
public class SimpleBean {
    private String name;
    private String password;

    public String getName(){
        return name;
    }
    public void setName(String name){
        this.name = name;
    }
    public String getPassword(){
        return password;
    }
    public void setPassword(String password){
        this.password = password;
    }
    public int check(){
        if(name.equals("zhangsan")&&password.equals("1234"))
            return true;
        else
            return false;
    }
}
```

代码中定义了两个String类型的成员变量name和password。外部通过set/get方法对这两个成员变量进行操作。另外还定义了一个JavaBean的业务方法check()方法。编写JavaBean可以先不必加入到JSP程序中调用，一般情况下附加一个main()方法来进行调试，调试好以后的JavaBean就可以供JSP程序调用了。

10.2.2 编写JavaBean

1. 编写JavaBean

设计JavaBean就是编写一个Java类，用Java语言编写JavaBean必须遵循以下规范：
(1)JavaBean是一个公共类。
(2)JavaBean类具有一个公共的无参的构造方法。
(3)JavaBean所有的属性定义为私有的。
(4)在JavaBean中，需要对每个属性提供两个公共方法。假设属性名字是xxx，要提供以下两个方法：

- setXxx():用来设置属性 xxx 的值。
- getXxx():用来获取属性 xxx 的值(若属性类型是 boolean,则方法名为 isXxx())。

(5)定义 JavaBean 时,通常放在一个命名的包下。

2. 编译 JavaBean

执行"开始"|"运行"命令,通过命令方式进入到 Java 文件所在的位置,然后输入下面的命令进行编译:

　　javac SimpleBean.java

3. 部署 JavaBean

设计的 Java 类经过编译后,必须部署到 Web 应用程序中才能被 JSP 或 Servlet 调用。将上述编译好的文件 SimpleBean.class 复制到 WEB-INF/classes/chapter10 中,如果是压缩包则保存在 WEB-INF/lib 下。

10.3 在 JSP 中使用 JavaBeans

在 JSP 中,既可以通过脚本代码直接访问 JavaBean,也可以通过 JSP 动作标签来访问 JavaBean。采用后一种方法,可以减少 JSP 网页中的程序代码,使它更接近于 HTML 页面。

访问 JavaBean 的 JSP 动作标签有以下 3 种:
- <jsp:useBean>:声明并创建 JavaBean 对象实例。
- <jsp:setProperty>:对 JavaBean 对象的指定属性设置值。
- <jsp:getProperty>:获取 JavaBean 对象指定属性的值,并显示在网页上。

10.3.1 声明 JavaBean 对象

声明 JavaBean 对象,需要使用<jsp:useBean>动作标签。语法格式为:

　　<jsp:useBean id="对象名"class="类名"scope="有效范围"/>

- id 属性:指定所要创建的对象名称。
- class 属性:用来指定 JavaBean 的类名,必须使用完全限定类名。
- scope 属性:指定所要创建对象的作用范围,包括 page、request、session、application 这 4 个取值,默认值是 page。

功能:在指定的作用范围内,调用由 class 所指定类的无参构造方法创建对象实例。若该对象在该作用范围内已存在,则不生产新对象,而是直接使用。

例如:

　　<jsp:useBean id="user" class="bean.BusinessBean" scope="request" />

JSP 通过 id 来识别 JavaBean,通过 id.method 类似的语句来操作 JavaBean。例如,

`<% user.check(); %>`。

10.3.2 设置 JavaBean 属性值

`<jsp:setProperty>`标签通过 JavaBean 中的 set 方法用于对 JavaBean 的属性赋值。
例如:

  `<jsp:setProperty name="beanname" property="propertyname" value="beanvalue"/>`

其中,beanname 代表 JavaBean 对象名,对应`<jsp:useBean>`标记的 id 属性;propertyname 代表 JavaBean 属性名;beanvalue 是要设置的值。在设置值时,自动实现类型转换,即将字符串自动转换为 JavaBean 中属性所声明的类型。

功能:为 beanname 对象的指定属性 propertyname 设置指定值 beanvalue。

10.3.3 获取 JavaBean 属性值

在 JSP 页面显示 JavaBean 属性值,需要使用`<jsp:getProperty>`标签。
例如:

  `<jsp:getProperty name="beanname" property="propertyname" />`

功能:`<jsp:getProperty>`标签用于获取 JavaBean 的属性值。

10.3.4 JavaBeans 应用举例

下面通过一个简单例子来学习如何在 JSP 中设置和提取 JavaBean 的属性以及如何调用 JavaBeans 的。

[例 10.2] 在 JSP 中设置和提取 JavaBean 属性的两种方法。这里 JSP 文件为 test10-2.jsp,JavaBean 文件为 TaxRate.java。

test10-2.jsp 文件如下:

```
<%@ page contentType="text/html; charset=gb2312" %>
<html>
  <body>
    <jsp:useBean id="taxbean" scope="request" class="tax.TaxRate" />

    读出初始值:<p>
    产品:<%= taxbean.getProduct()%><br>
    税率:<%= taxbean.getRate()%> <p>

    <% taxbean.setProduct("A002"); taxbean.setRate(17);%>
    使用方法1读出新值:<p>
    产品:<%= taxbean.getProduct()%><br>
```

税率：<%= taxbean.getRate()%> <p>

<% taxbean.setProduct("A003"); taxbean.setRate(3); %>
使用方法2读出新值： <p>
产品：<jsp:getProperty name="taxbean" property="product" />
税率：<jsp:getProperty name="taxbean" property="rate" />
</body>
</html>

JavaBean 文件源代码 TaxRate.java 如下：

```java
package tax;
public class TaxRate{
    //属性
    String product;
    double rate;

    //构造方法
    public TaxRate(){
        this.product = "A001";
        this.rate = 5;
    }

    public void setProduct(String productName){
        this.product = productName;
    }
    public String getProduct(){
        return (this.product);
    }

    public void setRate(double rateValue){
        this.rate = rateValue;
    }
    public double getRate(){
        return (this.rate);
    }
}
```

在程序运行前先进行 JavaBean 程序的部署：

在 Tomcat 的 webapps 下建 test10 子目录，复制 web.xml 到 webapps\test10\WEB-INF 下，将 test10-2.jsp 放在 webapps\test10 下，而 JavaBean 文件 TaxRate.class 放在 webapps\test10\WEB-INF\classes\tax 目录下。

在浏览器 URL 栏中键入:http://127.0.0.1:8080/test10/test10-2.jsp,查看运行结果,如图 10.1 所示。

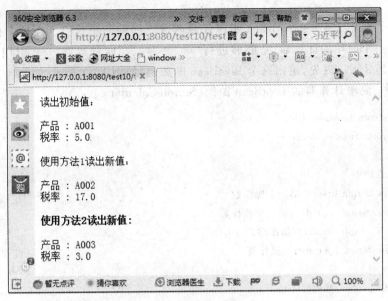

图 10.1　例 10.2 运行结果

10.4　模式 1:JSP ＋ JavaBeans 开发模式

10.4.1　JSP ＋ JavaBeans 开发模式简介

开发 Java Web 时,将 JSP 和 JavaBeans 结合起来形成 JSP＋JavaBeans 设计模式,其体系结构如图 10.2 所示。采用这种体系结构,将要进行的业务逻辑封装到 JavaBeans 中,在 JSP 页面中通过动作标签来调用这个 JavaBean 类。此时,JavaBeans 负责业务逻辑的处理,JSP 负责进行页面的显示,另外负责部分流程的控制。

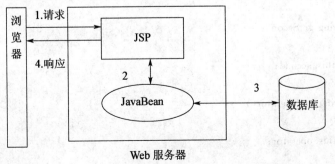

图 10.2　模式 1 体系结构图

10.4.2 JSP + JavaBeans 应用

下面的例子利用 JSP+JavaBeans 实现任意两数之间的简单运算。在这个例子中,使用 JavaBean 构造一个简单的计算器,它能够进行"+、-、×、/"四种运算,JSP 引用 JavaBean 实现简单运算及其显示。首先,给出这个 JavaBean 的源码,如例 10.3 所示。

[例 10.3] 简单计算器的 JavaBean 源码(SimpleCalculate.java)。

```
package com.jspbean.ch10;
public class SimpleCalculator
{
   //属性声明
   private String first;//第一个操作数
   private String second;//第二个操作数
   private double result;//操作结果
   private String operator;//操作符

   /* * *以下是一些属性方法 */
   public void setFirst(String first)
   {
      this.first=first;
   }
   public void setSecond(String second)
   {
      this.second=second;
   }
   public void setOperator(String operator)
   {
      this.operator=operator;
   }
   public String getFirst()
   {
      return this.first;
   }
   public String getSecond()
   {
      return this.second;
   }
   public String getOperator()
   {
      return this.operator;
   }
```

```java
//获得计算结果
public double getResult()
{
    return this.result;
}


/**根据不同的操作符进行计算*/
public void calculate()
{
    double one=Double.parseDouble(first);
    double two=Double.parseDouble(second);
    try
    {
        if(operator.equals("+"))result=one+two;
        else if(operator.equals("-"))result=one-two;
        else if(operator.equals("*"))result=one*two;
        else if(operator.equals("/"))result=one/two;
    }
    catch(Exception e)
    {
        System.out.println(e);
    }
}
}
```

设计提交实现任意两数运算的页面 calculate.jsp 代码清单如下：

```jsp
<%@ page contentType="text/html; charset=gb2312"%>
<%@ page language="java" import="java.sql.*" errorPage="" %>
<jsp:useBean id="calculator" scope="request" class="com.jspbean.ch10.SimpleCalculator">
<jsp:setProperty name="calculator" property="*"/>
</jsp:useBean>
<html>
<head>
<title>Untitled Document</title>
<meta http-equiv="Content-Type" content="text/html; charset=gb2312">
</head>
<body><hr>
计算结果：<%
try
{
    calculator.calculate();
    out.println(calculator.getFirst()+calculator.getOperator()+calculator.getSecond()+"="+
    calculator.getResult());
```

```
}
catch(Exception e)
{out.println(e.getMessage());}
%>
<hr>
<form action="calculate.jsp" method=get>
<table width="75%" border="1" bordercolor="#003300">
  <tr bgcolor="#999999">
    <td colspan="2">简单的计数器</td>
  </tr><tr><td>第一个参数</td>
    <td><input type=text name="first"></td></tr>
  <tr><td>操作符</td>
    <td><select name="operator">
        <option value="+">+</option>
        <option value="-">-</option>
        <option value="*">*</option>
        <option value="/">/</option>
      </select></td>
  </tr><tr><td>第二个参数</td><td><input type=text name="second"></td></tr>
  <tr><td colspan="2" bgcolor="#CCCCCC"><input type=submit value=计算></td></tr>
</table>
</form>
</body>
</html>
```

同上例一样部署好后,在地址栏中输入 http://127.0.0.1:8080/jspbean/calculate.jsp,即可进行计算,如图 10.3 所示。

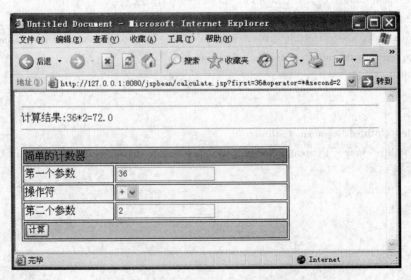

图 10.3 使用 JavaBean 的简单计算器

10.4.3 JSP+JavaBeans+JDBC 应用

[例 10.4] 假定我们在 MySQL 中已经创建了一个名为 demo 的数据库,在该数据库中建立了一个包含 ID,username,password,email 四个字段的表 usertable,下面用模式 1(JSP+JavaBeans+JDBC)架构来创建一个用户登录的 Web 应用。

用户登录的 Web 应用分为两部分:

(1)JSP 负责显示页面和控制响应请求:包括用于完成用户登录界面(login.jsp),用户注册界面(register.jsp),用户登录成功界面(menu.jsp),用户退出界面(logout.jsp);用户登录控制(login_control.jsp)和用户注册控制(register_control.jsp)。

(2)JavaBeans 负责业务逻辑:数据库处理类 DBAccessBean.java,业务逻辑类 BusinessBean.java。

在上一节中我们用 JSP 来进行数据库操作,每次都要重复编写数据库创建、连接等代码,如果将这些代码抽象到一个 JavaBean 中,再使用 JSP 调用该 JavaBean,将会使代码的可读性增强,降低代码的重复,并会提高系统的重用性,下面我们先创建这个数据库底层处理的 JavaBean 类 DBAccessBean.java。

```java
package javabean;
import java.sql.*;
public class DBAccessBean {
    private String drv = "com.mysql.jdbc.Driver";//数据库驱动程序
    private String url = "jdbc:mysql://localhost:3306/demo";//URL
    private String usr = "root";//用户名
    private String pwd = "123456";//口令
    private Connection conn = null;//数据库的连接对象
    private Statement stmt = null;//SQL 语句的声明对象
    private ResultSet rs = null;//结果集对象

    //为以上定义的 7 个变量编写 getter/setter 方法
    public String getDrv(){ return drv;
    }
    public void setDrv(String drv){ this.drv = drv;
    }
    public String getUrl(){ return url;
    }
    public void setUrl(String url){ this.url = url;
    }
    public String getUsr(){ return usr;
    }
    public void setUsr(String usr){ this.usr = usr;
```

```java
    }
    public String getPwd(){ return pwd;
    }
    public void setPwd(String pwd){ this.pwd = pwd;
    }
    public Connection getConn(){ return conn;
    }
    public void setConn(Connection conn){ this.conn = conn;
    }
    public Statement getStmt(){ return stmt;
    }
    public void setStmt(Statement stmt){ this.stmt = stmt;
    }
    public ResultSet getRs(){ return rs;
    }
    public void setRs(ResultSet rs){ this.rs = rs;
    }

    public boolean createConn(){ //创建数据库连接
        boolean b = false;
        try { Class.forName(drv).newInstance();
            conn = DriverManager.getConnection(url, usr, pwd);
            b = true;
        } catch (SQLException e){}
          catch (ClassNotFoundException e){}
          catch (InstantiationException e){}
          catch (IllegalAccessException e){ }
        return b;
    }

    public boolean update(String sql){ //更新数据库内容的SQL方法
        boolean b = false;
        try {stmt = conn.createStatement();
            stmt.execute(sql);
            b = true;
        } catch (Exception e){ System.out.println(e.toString()); }
        return b;
    }

    public void query(String sql){ //查询数据库内容的SQL方法
```

```java
        try {stmt = conn.createStatement();
            rs = stmt.executeQuery(sql);
        } catch (Exception e){}
    }

    public boolean next(){//移到下条记录的方法
        boolean b = false;
        try { if(rs.next()) b = true;
        } catch (Exception e){}
        return b;
    }

    public String getValue(String field){//取得当前记录的字段 field 的值
        String value = null;
        try {
            if(rs!=null)value = rs.getString(field);
        } catch (Exception e){}
        return value;
    }

    //关闭与数据库连接相关的三个对象
    public void closeConn(){
        try {if (conn != null)conn.close();
        } catch (SQLException e){}
    }

    public void closeStmt(){
        try {if (stmt != null)stmt.close();
        } catch (SQLException e){}
    }

    public void closeRs(){
        try {if (rs != null) rs.close();
        } catch (SQLException e){}
    }
}
```

至此,完成了一个进行数据库操作的 JavaBean,该 JavaBean 提供了常用的数据库操作方法,后面将会调用这个 JavaBean 文件 DBAccessBean.java 来进行数据库的操作。

现在开发一个 JavaBean 业务逻辑组件——BusinessBean.java。BusinessBean.java 负责数据层之上的业务层,完成登录、检查用户名是否存在、增加用户的 3 个数据库访问业务操作。

```java
package javabean;
public class BusinessBean {
    public boolean valid(String username, String password){//登录验证方法
        boolean isValid = false;
        DBAccessBean db = new DBAccessBean();
        if(db.createConn()){
            String sql = "select * from usertable where username='"+username+"' and password='"+password+"'";
            db.query(sql);
            if(db.next()){isValid = true;
            }
            db.closeRs(); db.closeStmt();db.closeConn();
        }
        return isValid;
    }

    public boolean isExist(String username){ //检查用户名是否存在
        boolean isExist = false;
        DBAccessBean db = new DBAccessBean();
        if(db.createConn()){
            String sql = "select * from usertable where username='"+username+"'";
            db.query(sql);
            if(db.next()){
                isExist = true;
            }
            db.closeRs(); db.closeStmt(); db.closeConn();
        }
        return isExist;
    }

    public void add(String username, String password, String email){//增加一个用户
        DBAccessBean db = new DBAccessBean();
        if(db.createConn()){
            String sql = "insert into usertable(username,password,email)values('"+username+"','"+password+"','"+email+"')";
            db.update(sql); db.closeStmt(); db.closeConn();
        }
    }
}
```

下面来讨论负责显示页面和响应请求的 JSP 程序。先看完成用户登录界面的 login.jsp

程序。

```jsp
<%@ page contentType="text/html;charset=gb2312" %>
<%@ page language="java" import="java.util.*" %>
<html>
<head><title>My JSP 'login.jsp' starting page</title></head>
<body>
<form name="form1" action="login_control.jsp" method="post">
  <table width="200" border="1">
    <tr><td colspan="2">登录窗口</td>
    <tr><td>用户名：</td><td><input type="text" name="username" size="10"></td>
    </tr>
    <tr><td>密码：</td><td><input type="password" name="password" size="10"></td>
    </tr>
    <tr><td colspan="2">
      <input type="submit" name="submit" value="登录">
      <a href="register.jsp">注册新用户</a> </td>
    </tr>
  </table>
</form>
</body>
</html>
```

如果用户在登录页面中输入用户名和口令，则执行 login_control.jsp。其中 login_control.jsp 程序如下：

```jsp
<%@ page import="javabean.BusinessBean" %>
<%
  //获取参数
  String username = request.getParameter("username");
  String password = request.getParameter("password");

  //检查输入是否为空
  if(username == null || password == null)
    response.sendRedirect("login.jsp");
  else {
    //检验登录是否成功
    BusinessBean businessBean = new BusinessBean();
    boolean isValid = businessBean.valid(username, password);
    out.print(isValid);
    if (isValid){
      session.setAttribute("username", username);
```

```
            response.sendRedirect("menu.jsp");
        } else response.sendRedirect("login.jsp");
    }
%>
```

如果用户在登录页面中选择"注册新用户"按钮,则执行 register.jsp。而注册新用户的 register.jsp 程序如下:

```
<%@ page contentType="text/html;charset=gb2312"%>
<%@ page language="java" import="java.util.*" %>
<html>
<head><title>My JSP 'register.jsp' starting page</title></head>
<body>
<form name="form1" action="register_control.jsp" method="post">
<table width="200" border="1">
  <tr><td colspan="2">注册窗口</td>
    <tr><td>用户名</td><td><input type="text" name="username" size="10"></td>
    </tr>
    <tr><td>密码</td><td><input type="password" name="password1" size="10"></td>
    </tr>
    <tr><td>确认密码</td><td><input type="password" name="password2" size="10"></td>
    </tr>
    <tr><td>Email</td> <td><input type="text" name="email" size="10"></td>
    </tr>
    <tr><td colspan="2">
    <input type="submit" name="submit" value="提交">
    <a href="login.jsp">返回登录页面</a></td>
    </tr>
</table>
</form>
</body>
</html>
```

如果用户在上述注册页面中输入用户名、口令、确认口令和 Email 地址,则执行 register_control.jsp,如果用户选择"返回"按钮,则回到 login.jsp 页面。其中 register_control.jsp 程序如下:

```
<%@ page import="javabean.BusinessBean" %>
<%
String username = request.getParameter("username");//获取参数 username
String password1 = request.getParameter("password1"); //获取参数 password1
String password2 = request.getParameter("password2"); //获取参数 password2
String email = request.getParameter("email"); //获取参数 email
```

```
//检查输入是否为空
if (username == null || password1 == null || password2 == null || ! password1.equals(password2))
    response.sendRedirect("register.jsp");//如果为空,重新回到用户注册页面
else {
//验证新用户的注册信息在数据库中是否存在
BusinessBean businessBean = new BusinessBean();
boolean isExist = businessBean.isExist(username);
if(!isExist){
    businessBean.add(username, password1, email);//如果不存在,则添加到数据库
    response.sendRedirect("login.jsp");//然后返回登录页面
} else response.sendRedirect("register.jsp");//如果存在,返回注册页面
}
%>
```

如果用户输入的用户名和密码在数据库表 usertable 中存在,则进入登录成功的页面。有关登录成功的页面 menu.jsp 程序如下:

```
<%@ page contentType="text/html; charset=gb2312"%>
<%@ page language="java" import="java.util.*"%>
<html><head><title>My JSP 'menu.jsp' starting page</title></head>
<body>
<table width="100%">
    <tr><td colspan="2"><hr></td></tr>
    <tr><td><table>
        <tr><td><a href="menu.jsp">Main</a></td></tr>
        <tr><td><a href="menu1.jsp">Menu1</a></td></tr>
        <tr><td><a href="menu2.jsp">Menu2</a></td></tr>
        <tr><td><a href="menu3.jsp">Menu3</a></td></tr>
        <tr><td><a href="menu4.jsp">Menu4</a></td></tr>
    </table>
    </td>
    <td><form name="form1" action="logout.jsp" method="post">
        <table width="200" border="1">
            <tr><td colspan="2">登录成功</td></tr>
            <tr><td>欢迎你? /td><td><%=(String)session.getAttribute("username")%>
            </td></tr>
            <tr><td colspan="2"><input type="submit" name="submit" value="退出"></td>
        </tr>
        </table>
```

```
        </form>
      </td>
    </tr>
  </table>
  </body>
</html>
```

其中,menu.jsp 页面如图 10.4 所示。

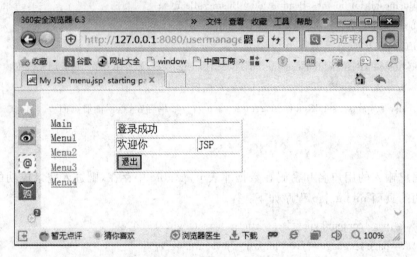

图 10.4 menu.jsp 页面

程序员可根据实际开发的应用来编写"menu1.jsp"、"menu2.jsp"、"menu3.jsp"、"menu4.jsp"程序。而用户退出界面 logout.jsp 程序如下:

```
<%
    session.removeAttribute("username");
    response.sendRedirect("login.jsp");
%>
```

至此,整个 Web 应用编写结束。Web 应用可能包含大量文件,如 JSP 文件、JavaBeans 文件、HTML 文件、配置文件等。这些文件必须按照一定的结构组织。Web 应用都有一个根目录,通常就是这个应用的名字,如 usermanagement。在 webapps 发布目录下构建目录树:

```
+ usermanagement
    + login.jsp
    + register.jsp
    + menu.jsp
    + logout.jsp
    + login_control.jsp
    + register_control.jsp
    + WEB-INF
    + web.xml
```

第10章 模式1：JSP+JavaBeans 开发模式

```
+ lib
+ classes
    + javabean
        + DBAccessBean.class
        + BusinessBean.class
```

将 Web 应用部署到位后，先启动 MySQL 和 Tomcat7.0，在浏览器 URL 栏中输入：http://127.0.0.1:8080/usermanagement/login.jsp 可完成运行测试。

第11章

模式2：JSP+Servlet+JavaBeans开发模式

11.1 Servlet 技 术

11.1.1 Servlet 简介

Servlet 作为 J2EE 的三大基础技术(JSP、Servlet 和 JavaBean)之一，是目前流行的开发企业 Web 应用的轻量级框架(Struts、Spring 和 Hibernate)的技术基础。Servlet 是用 Java 语言编写的服务器端程序，它担当客户请求与服务器响应的中间层，属于 JavaEE 中间层技术，是由服务器端调用和执行的，可以处理客户端传来的 HTTP 请求，并返回一个响应。Servlet 是按照 Servlet 自身规范编写的 Java 类，独立于平台，必须运行在支持 Java 技术的 Web 服务器中。Servlet 容器是支持 Servlet 功能的 Web 服务器扩展，Servlet 就是借助容器的请求／响应机制与 Web 客户端进行交互。

所有的 Servlet 容器必须支持 HTTP 协议。当用户发送 HTTP 请求访问 Web 服务器时，由 Servlet 容器根据 Servlet 配置来决定调用某个具体的 Servlet 来处理请求。容器调用 Servlet 时，还将代表请求与响应的两个对象传递给 Servlet，Servlet 利用请求对象来定位远程用户，获取 HTTP POST 参数及相关数据，进行相应的逻辑流程处理，然后借助响应对象发送数据给用户。一旦 Servlet 完成请求处理，容器会刷新响应，把控制交还给 Web 服务器。

虽然用 Servlet 来生成 Web 页面十分复杂和繁琐，但 Servlet 的优势主要体现在它能利用 Java 语言的所有优点，能访问 Java 平台提供的大量的 API。故在 Web 应用中，Servlet 主要用于流程的控制，页面生成则由其衍生技术 JSP 来完成。

Servlet 由 Servlet 容器来负责 Servlet 实例的查找、创建以及整个生命周期的管理，Servlet 整个生命周期分为 4 个阶段：加载、初始化、调用及销毁。这个生命周期是由 javax.servlet.Servlet 接口的 init()、service()和 destroy()方法所定义，Servlet 具体生命周期如下：

(1) Servlet 容器加载 Servlet 类并实例化一个 Servlet 实例对象。

(2) Servlet 容器调用该实例对象的 init()方法进行初始化。

(3) 如果 Servlet 容器收到对该 Servlet 的请求,则调用此实例对象的 service()处理请求并返回响应结果。

(4) Servlet 容器卸载该 Servlet 前调用它的 destroy()方法。

11.1.2 Servlet 编程接口

Java Servlet API 是一组处理客户端与服务器之间请求和响应的 Java 语言标准 API,它由两个软件包组成,一个是对应 HTTP 的软件包 javax.servlet.http,定义了采用 HTTP 协议通信的 HttpServlet 类。另一个是 javax.servlet,定义了所有的 Servlet 类都必须实现或扩展的通用接口和类。表 11.1 列出 Servlet 框架中所组成的接口和类。

表 11.1 Servlet 编程接口和类

功　　能	类和接口
Servlet 实现	javax.servlet.Servlet,javax.servlet.SingleThreadModel javax.servlet.GenericServlet,javax.servlet.http.Httpservlet
Servlet 配置	javax.servlet.ServletConfig
Servlet 异常	javax.servlet.ServletException,javax.servlet.UnavailableException
请求和响应	javax.servlet.ServletRequest,javax.servlet.ServletResponse javax.servlet.ServletInputStream,javax.servlet.ServletOutputStream javax.servlet.http.HttpServletRequest,javax.servlet.HttpServletResponse
会话跟踪	javax.servlet.http.HttpSession,javax.servlet.http.HttpSessionBindingListener javax.servlet.http.HttpSessionBindingEvent
Servlet 上下文	javax.servlet.ServletContext
Servlet 协作	javax.servlet.RequestDispatcher
其他	javax.servlet.http.Cookie,javax.servlet.http.HttoUtils

其中,javax.servlet.Servlet 接口是 Java Servlet API 的核心,它定义了与 Servlet 生命周期对应的方法,如 Servlet 加载及初始化时调用的 init()方法;用于处理用户请求的 service()方法;Servlet 销毁时调用的 destroy()方法等。所有的 Servlet 类都必须通过直接或间接(继承实现了 Servlet 接口的类)的方式来实现 Servlet 接口。

11.1.3 Servlet 编写与配置

编写 Servlet 可以借助 IDE 工具或采用纯手工的方式。开发 Servlet 一般采用继承"HttpServlet"子类实现。

1. Servlet 基本结构

Servlet 程序的基本结构:

```
package…;
import…;
public class Servlet 类名称 extends HttpServlet{
    public void init(){}
    public void doGet(HttpServletRequest request,HttpServletResponse response){}
    public void doPost(HttpServletRequest request,HttpServletResponse response){}
    public void service(HttpServletRequest request,HttpServletResponse response){}
    public void destroy(){}
}
```

说明：
(1) Servlet 类需要继承类 HttpServlet。
(2) Servlet 的父类 HttpServlet 中包含以下几个重要的方法，常根据需要重写它们。
- init()：初始化方法，Servlet 对象创建后，接着执行该方法。
- doGet()：当请求的类型是"get"时，调用该方法。
- doPost()：当请求类型是"post"时，调用该方法。
- service()：Servlet 处理请求时自动执行 service() 方法，该方法根据请求的类型(get 或 post)，调用 doGet() 或 doPost() 方法，因此，在建立 Servlet 时，一般只需要重写 doGet() 和 doPost() 方法。
- destroy()：Servlet 对象注销时自动执行。

2. 编写第一个 Servlet

如下例。自定义一个从表单获取 userName 参数的 Servlet，通过继承 HttpServlet 类来实现。JSP 表单文件如下(helloworld.jsp)：

```
<%@ page language="java" contentType="text/html; charset=UTF-8" %>
<html>
<head><title>欢迎</title></head>
<body>
    <h2>Servlet 应用</h2>
    <form method="post" action="hello">
        姓名 <input type="text" name="userName">
        <input type="submit" value="提交">
    </form>
</body>
</html>
```

从上述代码中可知表单提交的方式是 POST，提交的 URL 为 hello。因此，必须定义一个 URL 为 hello 的 Servlet 来处理请求。定义 Servlet 的主要代码如下(HelloServlet.java)：

```
package common;
import java.io.*;
import javax.servlet.*;
```

```java
import javax.servlet.http.*;
//通过继承HttpServlet类实现自定义Servlet类
public class HelloServlet extends HttpServlet {
    public void init(ServletConfig config) throws ServletException {
    }
    //客户端的响应方法,使用该方法可以处理客户端HTTP POST请求
    public void doPost(HttpServletRequest request, HttpServletResponse response)
        throws ServletException, IOException {
        // 从提交页面helloworld.jsp获取请求参数userName的值
        String userName = request.getParameter("userName");
        //设置响应内容格式
        response.setContentType("text/html;charset=UTF-8");
        // 获取页面输出流
        PrintWriter out = response.getWriter();
        // 输出HTML页面
        out.println("<html>");
        out.println("<head><title>Servlet 运行</title></head>");
        out.println("<body><h2>您好!");
        out.println(userName);
        out.println("</h2></body>");
        out.println("</html>");
    }
    //客户端的响应方法,使用该方法可以响应客户端HTTP GET请求
    public void doGet(HttpServletRequest request, HttpServletResponse response)
        throws ServletException, IOException {
        doPost(request, response);
    }
    public void destroy(){
    }
}
```

在示例中,当Servlet被容器加载后,会先执行init方法来进行初始化工作。利用doGet或doPost方法来处理用户的HTTP GET或HTTP POST请求。而当容器结束Servlet时,会自动调用Servlet的destroy方法来处理善后工作。注意,如果通过javac来编译Servlet,需将tomcat服务器中lib文件夹下的servlet-api.jar放到Java类路径CLASSPATH中。编译好Servlet后,还要将Servlet部署至Web应用中,建立请求URL与Servlet的对应关系。此示例Web应用helloServlet文件组织结构如图11.1所示。

部署Servlet需要在web.xml配置文件中添加配置信息。也就是主要添加两个配置元素<servlet>元素和<servlet-mapping>元素,配置的内容包括Servlet的访问地址、加载方式、初始化参数等,其中必须配置的是Servlet的访问地址。

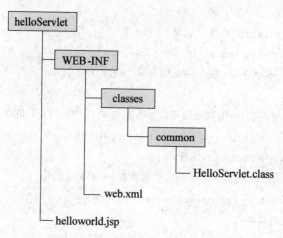

图 11.1　helloServlet 应用组织结构

此例在 web.xml 中,部署 HelloServlet 的主要代码如下所示:

```
<?xml version="1.0" encoding="UTF-8"?>
<web-app id="WebApp_ID" version="2.5">
  <display-name>helloServlet</display-name>
  <servlet>
    <servlet-name>helloServlet</servlet-name>
    <servlet-class>common.HelloServlet</servlet-class>
  </servlet>
  <servlet-mapping>
    <servlet-name>helloServlet</servlet-name>
    <url-pattern>/hello</url-pattern>
  </servlet-mapping>
</web-app>
```

其中,<servlet>元素用来定义 Servlet 名称及对应的 Servlet 类,而<servlet-mapping>用来定义 Servlet 映射的 URL。由上面定义可知,HelloServlet 被定义为 helloServlet,其映射地址为/hello。而视图文件 helloworld.jsp 的表单提交至 hello,也就是提交至 helloServlet 处理。因此,在表单中输入姓名 maradona 后,提交的显示结果如图 11.2 所示。

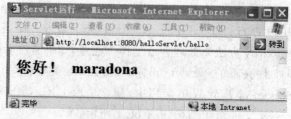

图 11.2　helloServlet 运行结果

11.2 Servlet 过滤器

11.2.1 Servlet 过滤器简介

Servlet 过滤器(Filter)是在服务器上运行的，且位于请求与响应中间起过滤功能的程序。它是一个 Java 组件，是能改变 HTTP 请求、响应及头信息中内容的可重用代码。其工作原理大致是：在 Servlet 作为过滤器使用时，它可以对客户的请求进行处理，处理完毕之后它会交给下一个过滤器处理，这个客户的请求在过滤器链中逐个处理，直到请求发送到目标为止。

因此，Filter 主要功能在于它能通过某种拦截机制对请求进行预处理或对响应进行后处理，借此修改或调整请求和响应的资源。Filter 能作用于 Web 上的动态和静态资源，常用来完成诸如认证处理、日志、图像格式转换或加密等功能。开发者在以下情况下需要用到 Filter：

(1)要在 Servlet 被调用之前访问资源。
(2)要在 Servlet 被调用之前检查 request 对象。
(3)要将 request 中的头信息和 request 数据封装成指定格式。
(4)要将 response 中的头信息和 response 数据封装成指定格式。
(5)要对 Servlet 被调用之后进行拦截。

一个 Filter 可负责拦截多个请求或响应，一个请求或响应也可被多个 Filter 拦截，多个 Filter 还可以组成过滤器链。

11.2.2 过滤器的创建与配置

过滤器 Filter 的创建必须实现 javax.servlet.Filter 接口并提供一个无参构造函数。由 javax.servlet.Filter 接口定义了 3 个方法：

● void init(FilterConfig config)：Filter 初始化时执行的方法。
● void doFilter(ServletRequest request, ServletResponse response, FilterChain chain)：实现过滤功能，该方法就是对每个请求及响应增加额外的处理，并通过 FilterChain 对象的 doFilter 方法来调用下一个 Filter，如是没有其他 Filter，则调用最初的 Servlet。
● void destroy()：Filter 生命周期结束时，自动调用该方法。

由于 JSP 并不能较好的支持中文，如在上例中由于 helloworld.jsp 的编码为"UTF-8"，输入中文提交后，会输出乱码，下面就通过 Filter 来实现将所有请求的编码方式设为"UTF-8"以支持中文的正确显示，主要代码如下所示(EncodingFilter.java)：

```
package common;
import java.io.IOException;
import javax.servlet.*;
```

```
public class EncodingFilter implements Filter {
    public EncodingFilter(){
    }
    public void init(FilterConfig fConfig) throws ServletException {
    }
    public void doFilter(ServletRequest request, ServletResponse response,
        FilterChain chain) throws IOException, ServletException {
        // 设置 request 的编码方式
        request.setCharacterEncoding("UTF-8");
        chain.doFilter(request, response);
    }
    public void destroy(){
    }
}
```

Filter 与 Servlet 类一样,也是放置在 Web 应用的 classes 包中。Filter 处理类创建完毕后,也必须在 web.xml 文件中配置 Filter。关键代码如下:

```
<filter>
    <filter-name>encoding</filter-name>
    <filter-class>common.EncodingFilter</filter-class>
</filter>
<filter-mapping>
    <filter-name>encoding</filter-name>
    <url-pattern>/*</url-pattern>
</filter-mapping>
```

Filter 的配置主要包含两个部分:<filter>来配置 Filter 名称以及对应的 Filter 处理类;<Filter-mapping>来配置 Filter 与过滤的 URL 模式。Servlet 通常只配置一个 URL,而 Filter 可以同时拦截多个请求的 URL,可以配置多个 Filter 拦截模式。示例中的 encoding 过滤器设置为对所有请求进行过滤。通过加载过滤器之后,前面示例中输入中文也能正常显示了。

11.3 MVC 模 式

MVC(Model-View-Controller,模型—视图—控制器模式)是软件工程中的一种软件架构模式。MVC 模式将整个应用系统分为三个基本部分:模型(Model)、视图(View)和控制器(Controller),其目的就是实现一种动态的程序设计,能使程序的修改和扩展简化,并且使程序模块的重复利用成为可能。

MVC 模式提供了将应用系统按模型、表示方式及行为等角色解耦的原则。MVC 模式的结构如图 11.3 所示。

MVC 模式各组成部分的主要功能如下:

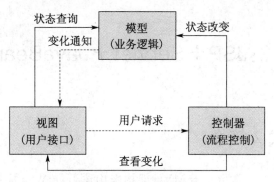

图 11.3 MVC 模式结构

- 模型(Model):体现应用程序的功能,用于封装应用程序业务逻辑。模型有对数据直接访问的权限,如对数据库的访问。模型不依赖视图和控制器,也就是说,模型不关心它会被如何显示或是如何被操作,但是模型中数据的变化一般会通过一种机制被公布。模型必须提供一系列的功能性接口,以支持模型中功能的访问。
- 视图(View):主要用于描述模型。视图能够实现模型有目的的显示,允许一个模型对应多个视图。在视图中一般不包含应用程序上的业务逻辑,但模型中数据的变化必须在视图中得以体现。
- 控制器(Controller):用于控制应用程序的流程。控制器处理事件并做出响应,事件包括用户的行为和数据模型的改变。用户与视图交互时,可以通过控制器来更新模型状态,通知视图刷新显示。

MVC 模式并不能自动保证每一个结构设计都是正确的,如何在一个系统的设计中使用 MVC 架构模式与系统使用的技术密切相关。MVC 模式的优点体现在以下几个方面:

首先,在 MVC 模式中,系统的业务逻辑由模型来实现,视图负责数据的呈现,实现了业务逻辑和表示的分离,因此,多个视图能共享一个模型。同一个模型可以被不同的视图重用,大大提高了代码的可重用性。

其次,模型是自包含的,与控制器和视图保持相对独立,因此可以方便地更改应用程序的数据层和业务逻辑。而 MVC 的三个部分相互独立,改变其中一个并不会影响其他两个,所以依据这种设计思想能构造良好的松耦合的组件。

此外,控制器提高了应用程序的灵活性和可配置性。控制器可以用来连接不同的模型和视图去完成用户的需求。

MVC 的缺点是开发一个 MVC 架构的工程,将不得不考虑如何将 MVC 运用到应用程序中,这样会带来额外的工作,增加应用的复杂性。因此,MVC 并不适合小型甚至中等规模的应用程序,但对于开发存在大量用户界面,并且逻辑复杂的大型应用程序,MVC 将会使软件在健壮性、代码重用和结构方面上一个新的台阶。尽管在最初构建 MVC 框架时会花费一定的工作量,但从长远的角度来看,它会大大提高后期软件开发的效率。

11.4 模式2：JSP＋Servlet＋JavaBeans 开发模式

11.4.1 模式2简介

所谓模式2(Model 2)就是指基于 MVC 架构来构建 Java Web 应用的开发模式。在基于 Model 2 构建 Java Web 应用中，通常根据 MVC 模式将 Web 应用架构划分为3个层次。

1. 视图层

视图层包括前端的 HTML、XML、JSP 及 Applet 等，主要充当用户的操作接口，负责数据的输入及结果的输出。该层的功能对应于 MVC 模式中的视图部分。

2. 控制层

控制层的主要工作是控制整个应用的流程。控制层将视图层提交的数据，交付给业务逻辑层处理，并将结果返回至视图层。控制层的角色是介于视图层和业务逻辑层之中，该层的功能相当于 MVC 模式中的控制器部分。

3. 业务逻辑层

业务逻辑层是应用的核心部分，它的主要功能包括数据处理、数据的维护及业务逻辑的实现。该层的功能对应于 MVC 模式中的模型部分。

利用 JSP 技术采用 Model 2 来开发 Web 应用时，由于视图层(View)代表系统的显示接口，主要由 JSP 技术实现；控制层(Controller)提供应用程序的过程处理控制，主要由 Servlet 实现；而业务逻辑层(Model)代表应用程序的业务逻辑，主要由 JavaBean 组件实现。因此，Model 2 也可称为 JSP＋Servlet＋JavaBean 模式。

Model 2 以控制器为中心，把用户接口、流程控制和业务逻辑分成不同的组件来实现，通过组件的交互性与重用性来弥补 Model 1 的不足，其架构如图 11.4 所示。

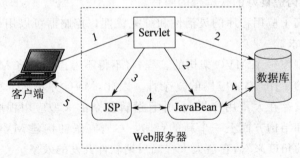

图 11.4 Model 2 架构

在 Model 2 中，系统的行为时序如下：

(1) Servlet 充当控制器角色，负责接收客户端请求并处理请求。

(2) 根据请求类型，Servlet 可以直接存取数据库中的数据，也可创建 JavaBean 并将请求的结果作为初始化参数传入 JavaBean 中。

（3）Servlet 将请求传送给适当的 JSP，用于显示结果。

（4）JSP 从 JavaBean 中读取数据，由 JavaBean 与数据库进行交互。

（5）JSP 返回客户端。

在 Model 2 中，JSP 负责数据显示逻辑，JavaBean 负责业务逻辑，Servlet 负责流程控制。并且 Servlet 不参加显示工作，只负责产生中间数据，并将这些数据以 JavaBean 的形式存储在 session 或其他对象中。这样的划分，使得 Web 应用的开发可以充分利用 MVC 模式的优点，使得视图层、控制层及业务逻辑层能并行开发，大大提高了 Web 应用开发的效率，也增加了 Web 应用的可重用性。

11.4.2　JSP＋Servlet＋JavaBeans 开发应用

本节将利用模式 2 来开发一个非常简单的、实现用户登录的小型系统，以阐述如何将模式 2 应用至 Web 应用开发中。

1. 系统功能分析与设计

用户登录系统可以分为 3 个模块，各个模块的主要功能如下：

● 用户登录模块：为系统的主界面。用户需要输入用户名和密码来登录系统，模块应能根据输入信息，查找到用户所对应角色，并根据角色分别引导用户进入管理员或普通用户页面。在系统主界面中，还包含了注册链接，引导用户访问注册页面。

● 用户注册模块：用于注册一个新用户，要求用户输入用户名、密码、性别、邮箱及年龄等信息，系统自动将新用户的角色设置为普通用户。注册过程中必须保证输入的合法性。

● 公共模块：主要用于页面中文信息的正确显示。

系统使用基于 MVC 模式的 Model 2 开发方式，将用户登录模块和注册模块划分为 3 层：视图层、控制层与业务逻辑层，并使用 JSP 技术来实现模块的页面显示，使用 Servlet 技术来实现系统的流程控制，使用 JavaBean 组件来实现业务实体对象及业务处理逻辑。而公共模块则用一个支持中文编码的 Filter 来实现。

为力求简单，本系统仅需要建立一个数据库表，用户信息表结构如表 11.2 所示。

表 11.2　用户信息表

字段名称	类　　型	说　　明
id	long	用户 ID，主键
userName	String	用户名称
password	String	密码
gender	String	性别
role	String	角色
email	String	电邮地址
age	int	年龄

2. 构建开发环境

用户登录系统既可以使用 JDK 来开发，也可以使用 IDE 工具来提高开发的效率。

1) 数据库表的建立

系统采用 MySQL 数据库，使用如下 SQL 语句建立信息表：

```
USE userdb;
CREATE TABLE myuser(
    id bigint IDENTITY (1,1)NOT NULL,
    userName varchar(40),
    password varchar(20),
    gender varchar(4),
    role varchar(10),
    email varchar(50),
    age int )
```

2) 系统文件结构

整个 Web 应用的文件结构如图 11.5 所示。其中，视图文件主要放置在应用的根目录下，公共模块的过滤器 EncodingFilter 放置在 common 包中，EncodingFilter 的开发及配置前面已经阐述。register 包中放置了用户登录模块与注册模块的模型及控制器文件，其中 control 包存放了所有的控制器实现类；dao 与 model 包中分别存放了模型中的用户实体定义与用户操作接口及实现。

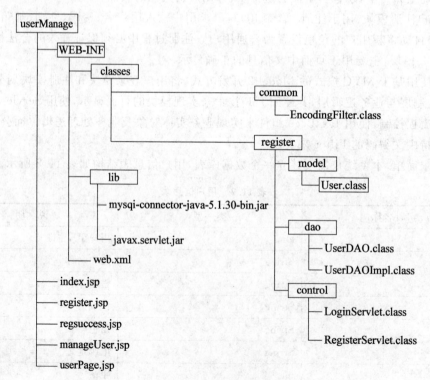

图 11.5 系统文件结构

3) 配置文件的定义

用户登录系统是基于 Web 的应用，公共模块由 Filter 实现，而登录与注册模块的控制层由 Servlet 来实现，其对应的 Web 应用配置文件 web.xml 的代码如下所示：

```xml
<?xml version="1.0" encoding="UTF-8"?>
<web-app id="WebApp_ID" version="2.5">
    <display-name>userManage</display-name>
    <welcome-file-list>
        <welcome-file>index.jsp</welcome-file>
    </welcome-file-list>

    <filter>
        <filter-name>encodingFilter</filter-name>
        <filter-class>common.EncodingFilter</filter-class>
    </filter>
    <filter-mapping>
        <filter-name>encodingFilter</filter-name>
        <url-pattern>/*</url-pattern>
    </filter-mapping>

    <servlet>
        <servlet-name>loginServlet</servlet-name>
        <servlet-class>register.control.LoginServlet</servlet-class>
    </servlet>
    <servlet-mapping>
        <servlet-name>loginServlet</servlet-name>
        <url-pattern>/login</url-pattern>
    </servlet-mapping>

    <servlet>
        <servlet-name>registerServlet</servlet-name>
        <servlet-class>register.control.RegisterServlet</servlet-class>
    </servlet>
    <servlet-mapping>
        <servlet-name>registerServlet</servlet-name>
        <url-pattern>/register</url-pattern>
    </servlet-mapping>
</web-app>
```

3. 项目的实现

1) 业务逻辑层（模型）的建立

模型处理业务逻辑，是系统处理用户请求的业务核心层，包含了系统中的所有的业务处理方法。模型可以对应多个视图，也能对应多个控制器。在用户登录系统中，由 JavaBean 组件充当模型来完成业务逻辑,包括用户实体定义及针对用户进行的各种操作接口的定义。

用户实体定义的主要代码如下(User.java):

```java
package register.model;
public class User {
    private Long id;
    private String userName;
    private String password;
    private String role;
    private String gender;
    private String email;
    private int age;
    public Long getId(){
        return id;
    }
    public void setId(Long id){ this.id = id;
    }
    public String getUserName(){ return userName;
    }
    public void setUserName(String userName){
        this.userName = userName;
    }
    public String getPassword(){
        return password;
    }
    public void setPassword(String password){
        this.password = password;
    }
    public String getRole(){
        return role;
    }
    public void setRole(String role){
        this.role = role;
    }
    public String getGender(){
        return gender;
    }
    public void setGender(String gender){
        this.gender = gender;
    }
    public String getEmail(){
        return email;
    }
```

```java
    public void setEmail(String email){
        this.email = email;
    }
    public int getAge(){
        return age;
    }
    public void setAge(int age){
        this.age = age;
    }
    // 设置对象的HTML输出格式
    public String toString(){
        return "用户:" + getUserName() + "<br>密码:" + getPassword() + "<br>角色:" + ge-
tRole() + "<br>性别:" + getGender() + "<br>Email:" + getEmail() + "<br>年龄:" + getAge
();
    }
}
```

针对用户实体的操作包括用户的保存、更新、删除及读取,因此,用户操作接口定义的主要代码如下(UserDAO.java):

```java
package register.dao;
import register.model.User;
// 用户操作接口定义
public interface UserDAO {
    public void saveUser(User user);                        // 保存用户
    public void updateUser(User user);                      // 更新用户
    public User[] listAllUser();                            // 查找所有用户
    public User listUserById(Long userId);                  // 根据用户ID查找指定用户
    public void deleteUser(Long userId);                    // 删除指定ID的用户
    public String validate(String userName, String password);  // 根据用户名与口令获取用户角
                                                            //   色信息
}
```

通过接口来定义业务逻辑,可以很好地将接口与实现分离,便于系统的修改与维护。如果业务逻辑发生变化,只要修改其相应的实现,而不必对整个系统进行更新。用户操作接口的实现主要代码如下(UserDAOImpl.java):

```java
package register.dao;
import java.sql.*;
import java.util.*;
import register.model.User;
// UserDAO接口的实现
public class UserDAOImpl implements UserDAO {
    private String dbClassName = "com.mysql.jdbc.Driver";
    private String dbUrl = "jdbc:mysql://localhost:3306/user";
```

```java
        private String dbUser = "root";
        private String dbPwd = "123456";
        public UserDAOImpl(){
        }
        // 获取Connection对象
        public Connection getConnection(){
            Connection conn = null;
            try {
                Class.forName(dbClassName);
                conn = DriverManager.getConnection(dbUrl, dbUser, dbPwd);
            } catch (ClassNotFoundException e){
                e.printStackTrace();
            } catch (SQLException e){
                e.printStackTrace();
            }
            return conn;
        }
        // 保存用户
        public void saveUser(User user){
            Connection con = null;
            PreparedStatement stmt = null;
            try {
                con = getConnection();
                con.setAutoCommit(false); // 将自动提交设为false
                stmt = con.prepareStatement("insert into myuser(userName, password, gender,role,email,age )values(?,?,?,?,?,?)");
                stmt.setString(1, user.getUserName());
                stmt.setString(2, user.getPassword());
                stmt.setString(3, user.getGender());
                stmt.setString(4, user.getRole());
                stmt.setString(5, user.getEmail());
                stmt.setInt(6, user.getAge());
                stmt.execute();
                con.commit(); // 提交
            } catch (Exception e){
                try {
                    con.rollback(); // 回滚
                } catch (SQLException sqlex){
                    sqlex.printStackTrace();
                }
            } finally {
                try {
                    stmt.close();
```

```java
          con.close();
        } catch (Exception e){
          e.printStackTrace();
        }
      }
    }
    // 更新用户
    public void updateUser(User user){
      Connection con = null;
      PreparedStatement stmt = null;
      try {
        con = getConnection();
        con.setAutoCommit(false);
        stmt = con.prepareStatement("update myuser set userName=?,password=?,gender=?,role=?,email=?,age=? where id="+ user.getId()+ "");
        stmt.setString(1, user.getUserName());
        stmt.setString(2, user.getPassword());
        stmt.setString(3, user.getGender());
        stmt.setString(4, user.getRole());
        stmt.setString(5, user.getEmail());
        stmt.setInt(6, user.getAge());
        stmt.execute();
        con.commit();
      } catch (Exception e){
        try {
          con.rollback();
        } catch (SQLException sqlex){
          sqlex.printStackTrace();
        }
      } finally {
        try {
          stmt.close();
          con.close();
        } catch (Exception e){
          e.printStackTrace();
        }
      }
    }
    // 查找所有用户
    public User[] listAllUser(){
      User[] users = null;
      int i;
      Connection con = null;
```

```java
Statement stmt = null;
PreparedStatement pstmt = null;
ResultSet rs = null;
try {
  con = getConnection();
  stmt = con.createStatement();
  // 用来执行查询记录总数
  rs = stmt.executeQuery("select count(*)from myuser");
  rs.next();
  users = new User[rs.getInt(1)];
  pstmt = con.prepareStatement("select * from myuser");
  rs = pstmt.executeQuery();
  i = 0;
  while (rs.next()){
    users[i] = new User();
    users[i].setId(rs.getLong(1));
    users[i].setUserName(rs.getString(2));
    users[i].setPassword(rs.getString(3));
    users[i].setGender(rs.getString(4));
    users[i].setRole(rs.getString(5));
    users[i].setEmail(rs.getString(6));
    users[i].setAge(rs.getInt(7));
    i++;
  }
  rs.close();
  stmt.close();
  con.close();
} catch (SQLException sqlex){
  sqlex.printStackTrace();
}
return users;
}
// 根据用户ID查找指定用户
public User listUserById(Long userId){
  User user = new User();
  Connection con = null;
  PreparedStatement stmt = null;
  ResultSet rs = null;
  try {
    con = getConnection();
    stmt = con.prepareStatement("select * from myuser where id="
        + userId + "");
    rs = stmt.executeQuery();
```

```java
        if (rs.next()){
            user.setId(rs.getLong(1));
            user.setUserName(rs.getString(2));
            user.setPassword(rs.getString(3));
            user.setGender(rs.getString(4));
            user.setRole(rs.getString(5));
            user.setEmail(rs.getString(6));
            user.setAge(rs.getInt(7));
        }
        rs.close();
        stmt.close();
        con.close();
    } catch (SQLException sqlex){
        sqlex.printStackTrace();
    }
    return user;
}
// 删除指定 ID 的用户
public void deleteUser(Long userId){
    Connection con = null;
    PreparedStatement stmt = null;
    try {
        con = getConnection();
        con.setAutoCommit(false);
        stmt = con.prepareStatement("delete from myuser where id=?");
        stmt.setLong(1, userId);
        stmt.execute();
        con.commit();
    } catch (Exception e){
        try {
            con.rollback();
        } catch (SQLException sqlex){
            sqlex.printStackTrace();
        }
    } finally {
        try {
            stmt.close();
            con.close();
        } catch (Exception e){
            e.printStackTrace();
        }
    }
}
```

```
// 根据用户名与口令获取用户角色信息
public String validate(String userName, String password){
    Connection conn = null;
    Statement stmt = null;
    ResultSet rs = null;
    String role = "";
    try {
        conn = getConnection();
        stmt = conn.createStatement();
        rs = stmt.executeQuery("select * from myuser where userName='"
            + userName + "' and password='" + password + "'");
        if (rs.next()){
            role = rs.getString("role");
        }
        rs.close();
        stmt.close();
        conn.close();
    } catch (SQLException e){
        e.printStackTrace();
    }
    return role;
}
```

2) 注册模块的实现

注册模块的视图层由注册页面及成功提示页面组成。控制层则从注册页面中读取用户注册信息,调用业务逻辑层的业务处理方法来将用户信息注册(写入数据库中),然后将保存后的用户信息存入用户实体模型中,通过请求对象传递至成功提示页面进行显示。

视图层中用于提交注册信息的注册页面主要代码如下(register.jsp):

```
<%@ page language="java" contentType="text/html; charset=UTF-8"%>
<html>
<script language="javaScript">
function validateform(){
    var reason="";
    reason += validateUsername(document.userForm.userName);
    reason += validateAge(document.userForm.age);
    if(reason! =""){
        alert("输入有误:\n"+reason);
        return false;
    }else{
        return true;
    }
}
```

```
    }
    function validateUsername(fld){
        var error="";
        if(fld.value==null||fld.value==""){
            error="用户名不能为空！\n";
        }
        return error;
    }
    function validateAge(fld){
        var error="";
        if(isNaN(fld.value)){
            error ="年龄必须为数！\n";
        }
        else if(parseInt(fld.value)<1||parseInt(fld.value)>100){
            error ="年龄必须为1~100之间的数！\n";
        }
        return error;
    }
</script>
<head><title>注册</title></head>
<body>
    <h2>注册</h2>
    <form onsubmit=" return validateform();" name="userForm" method="post" action="register">
        用户名 <input name="userName" type="text" size="14"><br>
        密码 <input name="password" type="password" size="12"><br>
        性别 <input name="gender" type="radio" value="男" checked>男
            <input name="gender" type="radio" value="女">女<br>
        Email <input type="text" name="email"><br>
        年龄 <input name="age" type="text" size="8" value="0"><br>
        <input type="reset" value="重置">
        <input type="submit" value="提交">
    </form>
</body>
</html>
```

注册页面首先利用JavaScript进行客户端校验，然后将表单数据提交到register所对应的控制器RegisterServlet来进行数据的流程控制。控制器RegisterServlet从请求中读取信息，调用业务逻辑层的模型来实现用户注册功能。注册成功后，将模型数据传递至成功提示页面来进行展示。注册控制器主要代码如下（RegisterServlet.java）：

```java
package register.control;
import java.io.IOException;
import javax.servlet.*;
import javax.servlet.http.*;
import register.dao.UserDAO;
import register.dao.UserDAOImpl;
import register.model.User;
public class RegisterServlet extends HttpServlet {
    public void doPost(HttpServletRequest request, HttpServletResponse response)
        throws ServletException, IOException {
        //模型对象生成
        User userBean = new User();
        UserDAO userDAO = new UserDAOImpl();
        //从视图 register.jsp 中获取请求参数,并存放在实体模型中
        userBean.setUserName(request.getParameter("userName"));
        userBean.setPassword(request.getParameter("password"));
        userBean.setGender(request.getParameter("gender"));
        userBean.setEmail(request.getParameter("email"));
        userBean.setAge(Integer.parseInt(request.getParameter("age")));
        userBean.setRole("普通用户");
        //调用业务模型,保存注册用户
        userDAO.saveUser(userBean);
        //将用户模型 userBean 存入 request 对象中,以便在视图文件 regsuccess.jsp 中展示注册信息
        request.setAttribute("userBean", userBean);
        //转发请求至注册成功提示页 regsuccess.jsp
        RequestDispatcher requestDispatcher = request
            .getRequestDispatcher("regsuccess.jsp");
        requestDispatcher.forward(request, response);
    }
    public void doGet(HttpServletRequest request, HttpServletResponse response)
        throws ServletException, IOException {
        doPost(request, response);
    }
}
```

Servlet 流程控制可以通过 RequestDispatcher 接口来实现。RequestDispatcher 接口能够将请求转交至另一个 JSP 页面、Servlet 或将数据的输出一并加入到原来的输出流中,RequestDispatcher 接口的 forward 方法就是把请求转发至服务器上的另一资源。

注册控制器注册成功后,将转向成功提示页面,其主要代码如下(regsuccess.jsp):

```
<%@ page language="java" contentType="text/html; charset=UTF-8" %>
<html>
```

```
<head><title>注册成功</title></head>
<body>
    <h2>您的注册信息:</h2>
    <h4><font color="blue"> ${userBean} </font></h4>
    <p><a href="index.jsp">首页</a></p>
</body>
</html>
```

成功提示页面应用表达式语言来输出存放在 request 对象中的模型数据。整个注册过程运行效果如图 11.6、图 11.7 所示。

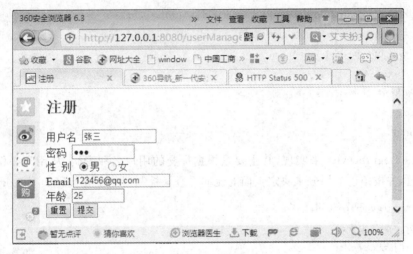

图 11.6　注册

图 11.7　成功提示

3) 登录模块的实现

登录模块的功能是根据用户角色的不同,将用户导向不同的页面。模块从系统的主页中读取用户名及密码,然后由控制层的登录控制器 LoginServlet 来调用业务逻辑层的登录处理方法,获取用户角色,并根据用户的角色,把请求转至相应的管理员或普通用户页面。

登录模块视图层由主页、管理员页面及普通页面组成。用户从主页输入登录信息。其主要代码如下(index.jsp)：

```jsp
<%@ page language="java" contentType="text/html; charset=UTF-8" %>
<html>
<head><title>首页</title></head>
<body>
  <h2>欢迎</h2>
  <form name="form1" method="post" action="login">
    用户 <input name="userName" type="text"><br>
    密码 <input name="password" type="password"><br>
    <input type="reset" value="取消">
    <input type="submit" value="登录">
  </form>
  <a href="register.jsp">注册</a>
</body>
</html>
```

控制层由 LoginServlet 来实现，其主要是根据提交的用户名和密码，从用户操作接口中获取用户的角色，并按角色的划分来决定页面的流向。登录控制器的主要代码如下(LoginServlet)：

```java
package register.control;
import java.io.*;
import javax.servlet.*;
import javax.servlet.http.*;
import register.dao.UserDAO;
import register.dao.UserDAOImpl;
public class LoginServlet extends HttpServlet {
  public void doPost(HttpServletRequest request, HttpServletResponse response)
      throws ServletException, IOException {
    //从视图 index.jsp 读取请求参数
    String userName = request.getParameter("userName");
    String password = request.getParameter("password");
    String role = "";
    String goForward;
    //调用模型 userDAO,获取用户角色
    UserDAO userDAO = new UserDAOImpl();
    role = userDAO.validate(userName, password);
    //根据角色,转发请求至相应的视图
    if (role.equals("普通用户")){
      goForward = "userPage.jsp";
    } else if (role.equals("管理员")){
      goForward = "manageUser.jsp";
```

```
        } else {
            goForward = "index.jsp";
        }
        RequestDispatcher requestDispatcher = request
            .getRequestDispatcher(goForward);
        requestDispatcher.forward(request, response);
    }
    public void doGet(HttpServletRequest request, HttpServletResponse response)
        throws ServletException, IOException {
        doPost(request, response);
    }
}
```

从登录控制器的实现中可以看到，如果用户通过验证，角色为普通用户则进入普通用户页面，而角色为管理员而进入管理员页面。普通用户页面的主要代码如下（userPage.jsp）：

```
<%@ page language="java" contentType="text/html; charset=UTF-8" %>
<html>
<head><title>普通用户主页</title></head>
<body>
    <h2 align="center">普通用户</h2>
    <div align="center">
        <a href="#">首页</a> <a href="#">日志</a> <a href="#">娱乐</a>
    </div>
</body>
</html>
```

管理员页面的主要代码如下（manageUser.jsp）：

```
<%@ page language="java" contentType="text/html; charset=UTF-8"%>
<html>
<head>
    <title>管理员主页</title>
</head>
<body>
    <h2 align="center">管理员</h2>
    <div align="center">
    <a href="#">首页</a><a href="#">新闻</a><a href="#">管理</a><a href="#">设置</a>
    </div>
</body>
</html>
```

登录模块的运行效果如图 11.8、图 11.9 所示。

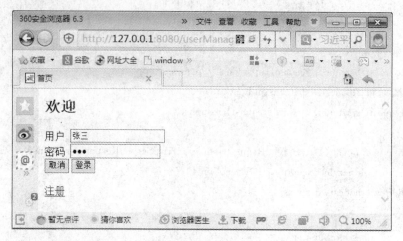

图 11.8　主页

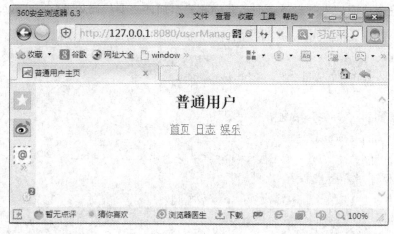

图 11.9　普通用户页面

至此,整个系统开发完毕。用户在启动了 MySOL 和 Tomcat 后,可以启动浏览器,输入 URL:http://localhost:8080/userManage/index.jsp 来运行用户登录系统。

从本系统的设计与实现过程来看,采用 Model 2 开发的系统,层次关系清楚,易于维护,更加适应大型项目的开发。

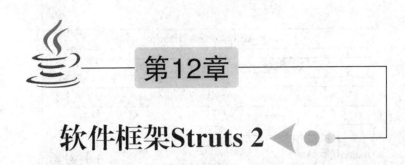

第12章 软件框架Struts 2

Struts 2 是 Apache 软件组织的一项开放源代码项目，它是对经典设计模式 MVC 的一种实现，并且是基于 WebWork 核心思想的一种全新框架，在 Java Web 开发领域中占据着非常重要的地位。Struts 2 为 Web 应用提供了通用的框架技术，从而减少了程序的代码量，使开发效率大大提高。

12.1 Struts 2 简介

Struts 是用于开发基于 Java Web 应用的开源框架。它整合了当前动态网站技术中 Servlet、JSP、JavaBean、JDBC、XML 等相关开发技术，采用 Struts 可以简化 MVC 设计模式的 Web 应用开发工作，很好地实现代码重用。

Struts 2 是基于 WebWork 技术开发的全新 Web 框架，其结构体系如图 12.1 所示。

从图中可以看出，一个请求在 Struts 2 框架中的处理分为以下几个步骤：

(1) 客户端初始化一个执行 Servlet（例如 Tomcat）的 HTTP 请求。

(2) 当客户端发送一个 HTTP 请求时，需要经过一系列的过滤器，这些过滤器包括 ActionContextCleanUp 过滤器、其他 Web 应用过滤器及 StrutsPrepareAndExecuterFilter 过滤器。其中 StrutsPrepareAndExecuterFilter 过滤器是必须配置的（Struts 2 的核心控制器已由原来的 FilterDispatcher 改为 StrutsPrepareAndExecuteFilter）。

(3) 当 StrutsPrepareAndExecuterFilter 过滤器被调用时，Action 映射器（ActionMapper）将查找不要调用的 Action 对象，并返回该对象的代理。

(4) Action 代理（ActionProxy）将从配置管理器（Contiguration Manager）中读取 Struts 2 的相关配置文件（例如 Struts.xml），找到需要调用的 Action 类。

(5) Action 容器（Action Invocation）使用命名模式来调用 Action，在调用之前需要经过 Struts 2 的一系列拦截器。

(6) 当 Action 执行完毕后，Action 容器将根据 struts.xml 文件中的配置找到相应的返回结果（JSP 或 FreeMarker 等）。在这些视图中可以使用 Struts 2 的标签来显示数据并控制数

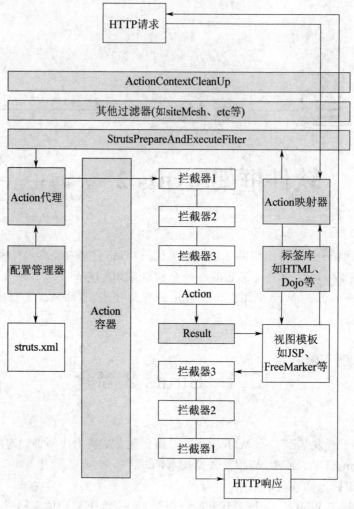

图 12.1 Struts 2 体系结构

据逻辑。

(7)将 HTTP 请求返回给浏览器,在返回过程中,同样需要经过一系列的过滤器。

12.2 搭建 Struts 2 开发环境

Struts 2 必须与 JDK(JDK1.4 以上版本)和 Web 服务器(Tomcat)结合使用。利用 JDK 与文本编辑工具就可以开发基于 Struts 2 的 Web 应用了。另外,还可以利用流行的 IDE 工具(例如 MyEclipse)来提高开发 Web 应用的效率。

12.2.1 MyEclipse 集成开发工具的安装与配置

首先到 http://www.myeclipseide.com/ 上下载 MyEclipse 的最新版本，本书使用版本 MyEclipse 10，下载后安装并进行设置运行服务器 Tomcat 和运行环境 JDK。

(1)利用"Windows"|"Preferences"|"MyEclipse"|"Servers"命令，进入如图 12.2 所示的对话框，并在左边框里选择"Tomcat7.x"，设置 Tomcat 服务器。

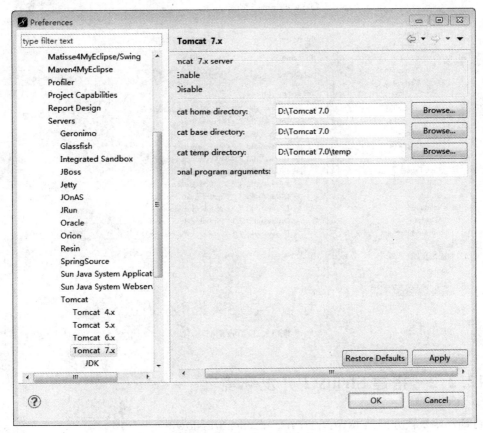

图 12.2 配置 Tomcat 的有关选项

(2)在图 12.2 中左边窗格 Tomcat7.x 的节点下选择 JDK 节点，进入如图 12.3 所示的界面，单击 Add 按钮，在弹出的界面窗口中单击 Browse 命令，选择 JDK 的安装目录。

MyEclipse 安装配置完成后，在 MyEclipse 下建立与部署 Java Web 项目的步骤如下：

(1)启动 MyEclipse，选择或创建新(设置)工作区。
(2)建立 Java Web 项目。
(3)设计并编写有关的代码(网页和 Servlet)。
(4)部署。
(5)启动 Web 服务器(Tomcat)，然后运行程序。
(6)若需要部署到其他服务器，还需要生成并发布 war 文件。

Java Web 应用开发教程

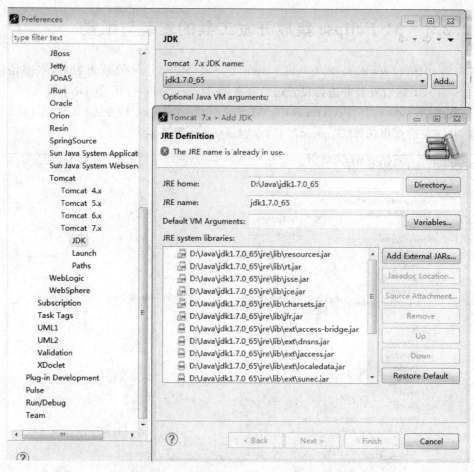

图 12.3 配置 JDK

12.2.2 搭建 Struts 2 开发环境

到 Struts 2 官方网站 http://struts.apache.org/download 下载 Struts 压缩文件 struts-2.x.x-all.zip。Struts 2 安装包解压之后,其目录包含以下文件夹:
- apps:该文件夹包含基于 Struts 2 的示例应用;
- docs:该文件夹包含了 Struts 2 的相关文档;
- lib:该文件夹包含了 Struts 2 框架的核心类库及第三方插件库;
- src:该文件夹则包含 Struts 2 框架的源码。

安装 Struts 2 非常简单,一般需要以下两步工作:首先,将 Struts 2 框架目录中 lib 文件夹下的 9 个 Jar 文件复制到 Web 应用中 WEB-INF/lib 目录下即可;其次,修改配置文件 web.xml,在 web.xml 文件中加入 Struts 2 MVC 框架启动配置。

1. 导入开发 Struts 2 应用所依赖的 Jar 文件
- struts2-core-x.x.x.jar:Struts 2 框架的核心类库。
- xwork-core-x.x.x.jar:WebWork 的核心库,需要它的支持。

第 12 章 软件框架 Struts 2

- ognl-x.x.x.jar：对象图导航语言，Struts 2 框架通过其读写对象的属性。
- freemarker-x.x.x.jar：表现层框架，定义了 Struts 2 的可视组件主题。
- commons-logging-x.x.x.jar：日志管理。
- commons-fileupload-x.x.x.jar：文件上传组件，2.1.6 版本后必须加入此文件。
- javassist-x.x.x.GA.jar：javassist 字节码解释器。
- commons-io-x.x.x.jar：可以看成是 java.io 的扩展。
- commons-lang-x.x.jar：包含了一些数据类型工具类，是 java.lang.* 的扩展，必须使用的 JAR 包。

将这些 Jar 文件复制到 Web 应用的 WEB-INF/lib 路径下。另外，如果 Web 应用需要使用 Struts 2 的更多特性，则需要将有关的 Jar 文件复制到 Web 应用的 WEB-INF/lib 路径下。

2. 在配置文件 web.xml 中配置 Struts 2 的启动信息

Struts 2 通过 StrutsPrepareAndExecuterFilter 过滤器来启动，在 web.xml 文件中添加如下配置：

```
<filter>
    <filter-name>struts2</filter-name>
    <filter-class> org.apache.struts2.dispatcher.ng.filter.StrutsPrepareAndExecuteFilter
    </filter-class>
</filter>
<filter-mapping>
    <filter-name>struts2</filter-name>
    <url-pattern>/*</url-pattern>
</filter-mapping>
```

另外，对于基于 Struts 2 的 Web 工程，还必须建立一个 Struts 2 应用的配置文件，Struts 2 默认的配置文件为 struts.xml（对于 MyEclipse 开发环境，需要建立在 src 子目录下）。对于刚建立的 Web 应用程序，struts.xml 文件的配置信息模板如下：

```
<?xml version="1.0" encoding="UTF-8"?>
<struts>
    各种配置信息
</struts>
```

在以后的设计中，需要对该文件进行修改添加有关的配置信息。

12.2.3 Struts 2 的 HelloWorld 程序

1. HelloWorld 项目的建立

(1) 启动 MyEclipse，然后由"File"|"New"|"Web Project"命令来建立 Web 项目，其中 Project name 设为 struts2，然后导入 Struts2 必需的 jar 包。

(2) 修改项目中的 web.xml 文件，配置 Struts 2 的核心控制器。修改后的 web.xml 文件主要内容如下：

```xml
<?xml version="1.0" encoding="UTF-8"?>
<web-app id="WebApp_ID" version="2.5">
    <display-name>struts2</display-name>
    <welcome-file-list>
        <welcome-file>index.jsp</welcome-file>
    </welcome-file-list>
    <filter>
        <filter-name>struts2</filter-name>
        <filter-class>org.apache.struts2.dispatcher.ng.filter.StrutsPrepareAndExecuteFilter</filter-class>
    </filter>
    <filter-mapping>
        <filter-name>struts2</filter-name>
        <url-pattern>/*</url-pattern>
    </filter-mapping>
</web-app>
```

2. 视图文件的建立

在 Webroot 文件夹中添加三个视图文件，一个是初始页面 helloworld.jsp，主要内容如下：

```jsp
<%@ page language="java" contentType="text/html; charset=UTF-8" %>
<%@ taglib prefix="s" uri="/struts-tags"%>
<html>
<head><title>基础 Struts 2 应用 — 欢迎</title></head>
<body>
<h2>欢迎来到 Struts 2 的世界！</h2>
<s:form action="hello">
    <s:textfield name="userName" label="姓名" />
    <s:submit value="提交" />
</s:form>
</body>
</html>
```

其中页面中的表单是利用 Struts 2 的 UI 标签实现，故在页面中使用标签指令：

```jsp
<%@ taglib prefix="s" uri="/struts-tags"%>
```

来导入 Struts 2 标签。表单则提交至名为 hello 的 Action 业务控制器来处理。

一个是提交成功页面 success.jsp，主要内容如下：

```jsp
<%@ page language="java" contentType="text/html; charset=UTF-8" %>
<%@ taglib prefix="s" uri="/struts-tags" %>
<html>
<head><title>Hello World!</title></head>
<body>
```

```
<h2><s:property value="message" /></h2>
</body>
</html>
```

其中，\<s:property value="message" /\> 是属性标签，用于提取 Action 中 message 属性的值。

一个是错误提示页面 error.jsp，主要内容如下：

```
<%@ page language="java" contentType="text/html; charset=UTF-8" %>
<%@ taglib prefix="s" uri="/struts-tags" %>
<html>
<head><title>错误页面</title></head>
<body>
<h3>你没有输入用户名！</h3>
<a href="<s:url action='helloworld'/>">返回</a>
</body>
</html>
```

其中，\<s:url action='index'/\> 是 url 标签，定义一个指向名为 helloworld 的 Action 的 URL。

3. 模型与业务控制器 Action 的建立

Struts 2 框架的业务控制器 Action 可以不必实现任何接口。Action 的方法 execute() 负责获取用户请求，并调用其他业务逻辑组件（模型）处理用户请求。在简单的 Web 应用中，Action 中也可充当模型。在本项目中，Action 包含了模型数据 message 与 userName，并根据输入的 userName 来决定页面的流向。Action 的建立是在 src 中加入包 helloworld.action，并在该包中添加 HelloWorldAction.java，内容如下：

```java
package helloworld.action;
public class HelloWorldAction {
    private String message;
    private String userName;
    public String getMessage(){
        return message;
    }
    public void setMessage(String message){
        this.message = message;
    }
    public String getUserName(){
        return userName;
    }
    public void setUserName(String userName){
        this.userName = userName;
    }
    public HelloWorldAction(){
```

```
            }
            public String execute()throws Exception {
                if (getUserName().length()= =0){
                    return "ERROR";
                } else {
                    setMessage("你好," + getUserName());
                    return "SUCCESS";
                }
            }
        }
```

Action 实现后,还必须进行配置,指定 Action 的实现类与 Action 名称的对应。在 src 目录下建立一个 struts.xml 配置文件,用于设置相关的 action 类及 result(Action 处理完后返回给用户的视图)。其主要内容如下:

```xml
<? xml version="1.0" encoding="UTF-8"? >
<struts>
    <package name="default" extends="struts-default" namespace="/">
        <action name="helloworld">
            <result>/helloworld.jsp</result>
        </action>
        <action name="hello"
            class="helloworld.action.HelloWorldAction">
            <result name="SUCCESS">/success.jsp</result>
            <result name="ERROR">/error.jsp</result>
        </action>
    </package>
</struts>
```

由 Struts 2 的配置文件中可以得知,本项目定义了两个 Action,一个为 helloworld,它仅仅起到流程控制,为指向/helloworld.jsp 的 URL,而另一个为 hello,根据其所对应的 HelloWorldAction 类来处理业务逻辑,并根据 execute()方法的返回值来决定页面的流向。

至此,基于 Struts 2 的 HelloWorld 应用已经完成,整个应用的结构如图 12.4 所示。

由于 helloworld.jsp 中表单的 action 属性为 hello,根据 web.xml 的配置,所有请求都会由主控制器 StrutsPrepareAndExecuteFilter 过滤,主控制器 StrutsPrepareAndExecuteFilter 也是 Struts 2 的入口点,故服务器接收到对 hello 的请求后,Struts 2 框架会在 struts.xml 中查找 hello Action 所对应的 Java 类 helloworld.action.HelloWorldAction,然后由 Struts 2 框架实例化一个

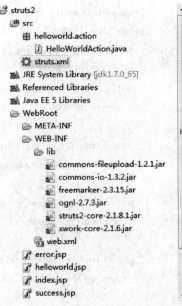

图 12.4　HelloWorld 应用结构

HelloWorldAction 类,Action 类的属性 userName 与表单的 userName 属性一致,它能自动从表单中读取与其属性一致的数据,并调用 execute()方法。execute()方法根据输入返回不同的字符串,与 result 值对应。如果返回的字符串为"SUCCESS",页面转至 result 值为"SUCCESS"所指定的 success.jsp,其中 success.jsp 中<s:property value="message"/>标签的内容会被替换为 HelloWorldAction 对象的 getMessage()方法调用的结果。同理,返回值为"ERROR",则会跳转至 error.jsp 页面。最后,选中 index.jsp 运行,运行结果如图 12.5 所示。

图 12.5　HelloWorld 运行效果

12.3　Struts 2 框架核心

12.3.1　核心控制器

Struts 2 框架大体可分三个部分:核心控制器、处理业务逻辑控制的 Action 及用户根据需求自定义的业务逻辑组件 JavaBean。其中核心控制器(StrutsPrepareAndExecuteFilter)是用于初始化 Struts 框架及处理所有请求的 Servlet 过滤器。核心控制器包含了由其他配置文件初始化的参数,决定整个框架的行为。

在 Struts 2 框架中,StrutsPrepareAndExecuteFilter 由 StrutsPrepareAndExecuteFilter 类来实现。StrutsPrepareAndExecuteFilter 类能完成 Struts 框架分发处理两个阶段(准备阶段和执行阶段)的任务。类结构主要代码如下所示:

```
public class StrutsPrepareAndExecuteFilter implements StrutsStatics, Filter {
    protected PrepareOperations prepare;
    protected ExecuteOperations execute;
    protected List<Pattern> excludedPatterns = null;
    // 初始化阶段
    public void init(FilterConfig filterConfig) throws ServletException {
```

```java
    InitOperations init = new InitOperations();
    try {
        FilterHostConfig config = new FilterHostConfig(filterConfig);
        Dispatcher dispatcher = init.initDispatcher(config);
        init.initStaticContentLoader(config, dispatcher);
        prepare = new PrepareOperations(filterConfig.getServletContext(), dispatcher);
        execute = new ExecuteOperations(filterConfig.getServletContext(), dispatcher);
        this.excludedPatterns = init.buildExcludedPatternsList(dispatcher);
        postInit(dispatcher, filterConfig);
    } finally {
        init.cleanup();
    }
}

// 处理阶段:准备阶段及执行阶段
public void doFilter(ServletRequest req, ServletResponse res, FilterChain chain) throws IOException, ServletException {
    HttpServletRequest request = (HttpServletRequest)req;
    HttpServletResponse response = (HttpServletResponse)res;
    try {
        prepare.setEncodingAndLocale(request, response);
        prepare.createActionContext(request, response);
        prepare.assignDispatcherToThread();
        if ( excludedPatterns != null && prepare.isUrlExcluded(request, excludedPatterns)){
            chain.doFilter(request, response);
        } else {
            request = prepare.wrapRequest(request);
            ActionMapping mapping = prepare.findActionMapping(request, response, true);
            if (mapping == null){
                boolean handled = execute.executeStaticResourceRequest(request, response);
                if (!handled){
                    chain.doFilter(request, response);
                }
            } else {
                execute.executeAction(request, response, mapping);
            }
        }
    } finally {
        prepare.cleanupRequest(request);
    }
}
```

第12章 软件框架 Struts 2

```
    // 清除阶段
    public void destroy(){
        prepare.cleanupDispatcher();
    }
    ……
}
```

  由核心控制器的结构可知,StrutsPrepareAndExecuteFilter 类主要有 3 个方法:init()、doFilter()和 destroy()。init()方法主要完成核心控制器的初始化及配置信息的读取;在 doFilter()方法中,首先获取请求参数,然后由 ActionMapper 来寻找相应的 Action 进行业务处理。它包含了 Struts 2 框架处理的两个阶段:用于参数解析及过滤器调用的准备阶段及业务逻辑 Action 调用的执行阶段;destroy()方法用于清除与善后工作。

  在 Struts 2 中,核心控制器是在 web.xml 文件中配置的。web.xml 是 Java web 应用中的核心描述文件,也是 Struts 2 框架的核心配置文件。在 Struts 2 中,web.xml 还可用于定义常量、action 包及指定要装载的其他配置文件。其中核心控制器在 web.xml 中的定义示例在 HelloWorld 示例中已给出,在此不再赘述。从 web.xml 文件定义核心控制器的格式可知,核心控制器本质上是个 Servlet 过滤器,它将指定的请求交由核心控制器 StrutsPrepareAndExecuteFilter 来处理,只有这样,Struts 2 框架才能自动加载来自插件文件中的静态内容、使用模板和标签等。

12.3.2 业务控制器 Action

  Action 也是 Struts 2 框架的核心。由于用户提交的所有请求,都是通过 Action 进行流程控制的,因此,Action 是实现企业应用的关键。在简单的 web 应用中,Action 甚至还充当模型来处理业务逻辑。但在大多数情况下,开发者并不利用 Action 来进行业务逻辑处理,而是通过 Action 来调用其他业务组件来完成具体的应用。业务组件可以是 EJB、POJO 或者 JavaBean,Struts 2 对业务逻辑组件并没有具体的规定,不同的开发者,都可用自己的方式来实现逻辑模块。Struts 2 仅仅说明了由 Action 来调用业务逻辑组件。因此,Action 主要充当业务控制器的作用。

  对于 Struts 2 框架来说,其最大的特点是实现了 Action 与 Servlet API 的分离。在前面 HelloWorld 示例就可以看出,在 Struts 2 框架中,Action 只是一个普通的 Java 类(POJO),该类包含一个 execute()方法,该方法并没有参数,只是返回一个 String 类型的值,由它来决定结果的输出模板。与 Servlet API 的分离最大的益处就是调试 Action 不再依赖服务器环境。

  既然 Action 与 Servlet API 分离,那么,Action 如何获取用户 Http 请求中的参数呢?实际上,Struts 2 框架中的 Action 直接封装了 Http 请求参数,在 Action 的设计中,Action 大多会包含与请求参数对应的属性,并提供该属性的 get 与 set 方法。这样,Action 就可在 execute 方法或其他方法中使用该属性值来访问 Http 的请求参数。如 HelloWorld 示例中的 userName 请求参数就是通过名为 hello 的 Action 的 userName 属性来访问的。当然,Action 不但可以设置与 Http 请求参数相对应的属性,也可以定义 Http 参数中没有的属性(如 message 属性),但用户同样可以在页面中访问这些属性,因为对于 Struts 2 框架来说,它并不会区分

Action 参数是传入或是传出的。

Action 是通过 get 或 set 方法取出或存入 Http 请求参数的属性值。而 JSP 页面访问 Action 中的属性也很简单,可采用标签库来完成。如 HelloWorld 示例中访问 message 属性时就用<s:property value="message" />来实现。当然,Action 不止封装字符串属性,还支持其他丰富的类型,如日期、数组、用户自定义类型及 Map 等类型,这些类型的数据都可通过 Struts 2 框架提供的标签来访问,并能自动完成类型转换。

1. Action 的实现

尽管 Action 可由 POJO 来实现,但为了规范 Action 的实现,Struts 2 框架提供了用于实现 Action 类的通用接口,Action 接口的定义如下所示:

```
public abstract interface Action {
    // action 执行成功,返回 result 对应的视图给用户
    public static final String SUCCESS = "success";
    // action 执行成功,但不显示视图,主要用于当 action 用于 redirect 时
    public static final String NONE = "none";
    // action 执行失败,返回一个错误视图,用于提示用户重新输入数据
    public static final String ERROR = "error";
    // action 执行需要更多输入,对应的 result 是一个典型的表单
    public static final String INPUT = "input";
    // action 不会执行,因为用户没有登录,result 对应登录视图
    public static final String LOGIN = "login";
    // action 业务逻辑方法
    public abstract String execute() throws java.lang.Exception;
}
```

Action 接口提供了一个通用的实现 Action 的规范,开发者只需要开发一个简单的类实现该接口,并重写 execute()方法就可实现自定义的 action 类。在 Action 接口中,可以看到接口定义了 5 个规范的字符串:SUCCESS、NONE、ERROR、INPUT 及 LOGIN,这样在 Struts 2 配置文件中,就可以使用这些规范的字符串来定义 result 和相对应的资源视图,更好地实现模块化。

此外,Struts 2 框架还提供了一个 Action 的支持类 ActionSupport 来方便 Action 的开发,该类已经实现了 Action 接口,并定义了用于校验的 validate()方法以及如异常处理、国际化等常用的方法。开发者在 Action 的开发中,只要继承 ActionSupport 类就可以。如定义一个用于登录的 Login Action 如下所示(Login.java):

```
package register.action;
import java.sql.*;
import com.opensymphony.xwork2.ActionSupport;
public class Login extends ActionSupport {
    private static final long serialVersionUID = 1L;
    private String userName;
```

```java
private String password;
public String getUserName(){
    return userName;
}
public void setUserName(String userName){
    this.userName = userName;
}
public String getPassword(){
    return password;
}
public void setPassword(String password){
    this.password = password;
}
public void validate(){
    if (userName == null || userName.length() == 0){
        addFieldError("userName","用户名不能为空");
    }
    if (password == null || password.length() == 0){
        addFieldError("password","密码不能为空");
    }
}
public String execute() throws Exception {
    String goForward = "";
    Class.forName("com.mysql.jdbc.Driver");
    Connection conn = null;
    Statement stmt = null;
    ResultSet rs = null;
    try {
        conn = DriverManager.getConnection(
            "jdbc:mysql://localhost:3306;databaseName=user;",
            "root","123456");
        stmt = conn.createStatement();
        rs = stmt.executeQuery("select * from myuser where userName='"
            + userName + "' and password='" + password + "'");
        if (rs.next()){
            goForward = rs.getString("role");
        }
    } finally {
        rs.close();
        stmt.close();
```

```
            conn.close();
        }
        if (goForward.equals("普通用户")){
            return "userPage";
        } else if (goForward.equals("管理员")){
            return "managePage";
        } else {
            return INPUT;
        }
    }
}
```

从 Action 的实现上可知，Struts 2 框架的 Action 强调与 Servlet API 完全分离。尽管这种解耦为测试带来了便利，但 Struts 2 的 Action 不能访问 Servlet API 是不能实现业务逻辑的，如访问 request、session、application 等对象，对业务逻辑的实现至关重要。因此，Struts 2 提供了一种简洁的方式来访问 Servlet API。

一般 Web 应用中，需要访问的 Servlet API 就是 HttpServlet、HttpSession 和 ServletContext。这三个类包含了 JSP 内置对象中所对应的 request、session 和 application。Struts 2 框架中有一个 ActionContext 类，ActionContext 是一个 Action 执行的上下文，Action 执行期间所用到的对象都可保存在 ActionContext 中，如 session、请求参数等数据。该类中包含了所有将会访问的数据，Struts 2 框架的 Action 可以通过访问 ActionContext 类来获得 Servlet API，开发者可以通过以下方式访问 ActionContext：

```
ActionContext context = ActionContext.getContext();
```

然后再利用 context 对象来获取 Servlet API。Struts 2 框架还提供了 ServletActionContext 辅助类帮助开发者获得 Servlet API。开发者可以任选一种来获取 Servlet API，如要获取 request 对象，采用第一种方式来实现用户管理的 Action 如下所示（UserAction.java）：

```
package register.action;
import java.util.*;
import javax.servlet.http.HttpServletRequest;
import org.apache.struts2.ServletActionContext;
import register.dao.*;
import register.model.*;
import com.opensymphony.xwork2.ActionContext;
import com.opensymphony.xwork2.ActionSupport;
public class UserAction extends ActionSupport {
    private static final long serialVersionUID = 1L;
    private User user = new User();
    private List<User> userList = new ArrayList<User>();
    private UserDAO userDAO = new UserDAOImpl();
```

```java
// 列出所有用户
public String list(){
    userList = userDAO.listUser();
    return SUCCESS;
}
// 删除用户
public String delete(){
    HttpServletRequest request = (HttpServletRequest)ActionContext
        .getContext().get(ServletActionContext.HTTP_REQUEST);
    userDAO.deleteUser(Long.parseLong(request.getParameter("id")));
    return SUCCESS;
}
// 编辑用户
public String edit(){
    HttpServletRequest request = (HttpServletRequest)ActionContext
        .getContext().get(ServletActionContext.HTTP_REQUEST);
    user = userDAO.listUserById(Long.parseLong(request.getParameter("id")));
    return SUCCESS;
}
// 更新用户
public String update(){
    userDAO.updateUser(user);
    return SUCCESS;
}
public User getUser(){
    return user;
}
public void setUser(User user){
    this.user = user;
}
public List<User> getUserList(){
    return userList;
}
public void setUserList(List<User> userList){
    this.userList = userList;
}
}
```

从上面代码可以看出，获取 request 对象可通过如下语句来实现：

```java
HttpServletRequest request = (HttpServletRequest)ActionContext
    .getContext().get(ServletActionContext.HTTP_REQUEST);
```

2. Action 的配置

Action 配置是 Struts 2 框架的一个重要工作内容。在 Struts 2 框架中，每一个 Action 都是负责将一个请求对应到一个 Action 处理类上去。每当一个 Action 匹配一个请求的时候，这个 Action 类就会被 Struts 2 框架调用。

Action 配置大多在 struts.xml 文件中定义，主要包括 Action 名称的指定、与之对应的 Action 处理类的指定及返回值 result 的指定。如 Hello World 示例中配置 hello Action 所示。Action 一般定义在一个继承 struts-default 的包中，包类似于命名空间，由包和 Action 名来确定唯一的 Action。Action 配置中 name 属性用于定义 Action 名称，用于匹配请求的 Action 或地址，是必须指定的属性。而 class 属性则用于指定与之对应的 Action 处理类。没有特殊说明，Action 处理类会自动执行 excute 方法来进行业务控制，但也可指定 method 属性来指定具体的调用方法。多个 Action 可以对应同一个 Action 处理类的不同方法，只要其 method 属性指定不同方法就可以。如上例中定义的 UserAction 处理类可以配置为 4 个 Action，分别调用处理类的 list、delete、edit 和 update 方法。

```
<action name="listUser" method="list"
        class="register.action.UserAction">
    <result name="success">/register/managePage.jsp</result>
</action>
<action name="deleteUser" method="delete"
        class="register.action.UserAction">
    <result name="success" type="redirect">listUser</result>
</action>
<action name="editUser" method="edit"
        class="register.action.UserAction">
    <result name="success">/register/managePage.jsp</result>
</action>
<action name="updateUser" method="update"
        class="register.action.UserAction">
    <result name="success" type="redirect">listUser</result>
</action>
```

Struts 2 可以使用 JSP、FreeMarker 或 Velocity 等模板技术支持视图显示。Action 的返回结果是 String，它就是一个逻辑上的视图名称，通过配置文件来将其对应至实际的视图资源。Action 配置中的 result 属性指定逻辑视图与实际资源的对应关系，每个 result 都有一个 type 参数，用来指定视图采用的模板技术。默认的 type 类型为"dispatcher"，支持 JSP 类型视图资源，而示例中 deleteUser 与 updataUser 两个 Action 所对应的 type 类型为"redirect"则表示将请求重定向至其他 Action(listUser)。当然，每个 Action 可以配置多个 result，多个 ExceptionHandler、多个拦截器。而当 Struts 2 框架接受到一个 Action 请求的时候，会去掉 Host、Application 和后缀等信息，得到 Action 的名字。

由于上述以增加 Action 配置的方式访问 Action 动态方法会导致 Struts 2 框架中的配置

文件内容增加，给配置文件管理带来麻烦。Struts 2 框架还可使用 DMI（Dynamic Method Invocation，动态方法）调用同一个 Action 中的不同业务逻辑方法，一般只需要在 Action 请求属性中指定具体的调用方法即可。DMI 通过在 action 名称和要调用的 Action 方法之间添加一个感叹号进行分割，以表示调用 action 中指定的方法（非 exeucte 方法）。例如：

<s:form action="userAction！listUser">

表示调用 userAction 中定义的 listUser 方法。

12.3.3 Struts 2 标签

Struts 2 框架提供了一个标签库来解耦视图层技术，使得 Struts 2 框架能支持 JSP、FreeMaker 及 Velocity 等多种视图技术，并以最少的代码来创建丰富的 web 应用。Struts 标签也支持校验与本地化、表单数据绑定等功能，使代码更易理解和维护。Struts 2 标签可分为普通标签和 UI 标签两种类型，两种标签最大的不同是 UI 标签支持模板与主题。

普通标签主要应用于提交页面的流程控制和数据的提取，又可进一步的划分为用于流程控制的控制标签和用于数据管理和创建的数据标签。

UI 标签设计的主要目的是读取 action、值栈或数据标签中的数据，显示到 HTML 页面中，UI 标签由主题和模板驱动，可分为表单标签和非表单标签。

标签的开发主要分两步：开发标签实现类及实现标签定义文件。在 Struts 2 框架中，提供了标签的实现类与定义文件，可在 struts2-core-2.1.8.1.jar 中找到标签定义文件 struts-tags.tld。如果需要在 JSP 页面中引用 Struts 2 标签，只需要使用标签指令指定标签文件的位置即可。一个标准的导入 Struts 2 标签的指令格式如下：

<%@ taglib prefix="s" uri="/struts-tags" %>

其中，s 为标签库默认的前缀，Struts 2 的标签只有一个：s，URI 为/struts-tags，它简化了标签库的导入，不仅支持 OGNL、JSTL 等表达式，还支持多种视图层技术。

Struts 2 标签中的 UI 标签还可包括 Ajax 标签，如 a、datatimepicker 和 treenode。要使用 Ajax 标签，首先得把 struts2-dojo-plugin-2.1.8.1.jar 文件导入当前项目的类库 lib 文件夹中，然后在 JSP 页面中添加标签导入指令：

<%@ taglib prefix="sx" uri="/struts-dojo-tags" %>
<head>
  <title>My page</title>
  <sx:head/>
</head>

1. 普通标签

普通标签用于控制页面发送时的执行流，标签也允许数据在除了 Action、值栈以外的其他位置传递，如 JavaBean 等。普通标签分为两大类：一类是提供控制流的控制标签，另一类是允许数据管理与创建的数据标签。常用的普通种类及作用如表 12.1 所示。

表 12.1 控制标签

普通标签	作用
if/elseif/else	进行基本的条件选择
append	集合的直接合并
iterator	集合的迭代
sort	集合的排序
a	生成 HTML 中的 <a>
bean	实例化 JavaBean
date	格式化日期对象
include	包含 servlet 输出或 JSP 页面
param	参数定义
property	取属性,放入栈顶
push	将值入栈
url	创建 URL

2. UI 标签

UI 标签不同于普通标签,它不提供控制或逻辑功能。UI 标签主要聚集于数据的使用和显示,包括从 action、值栈或数据标签中访问数据,并显示到 HTML 中。所有的 UI 标签都由模板和主题驱动。普通标签直接将内容输出,而 UI 标签则将按模板(通常多个模板组合为一个主题)的标准来进行实际的呈现,模板提供了允许 UI 标签构建一组丰富的、可重用的根据实际应用定制的 HTML 组件。

UI 标签又可分为表单标签和非表单标签:表单标签提供与表单相关的 UI 输出,如 form、textfield 和 select;非表单标签是用来在页面中生成非表单的可视化元素。常用的 UI 标签的种类及作用如表 12.2 所示。

表 12.2 表单标签

常用 UI 标签	作用
checkbox	复选框
head	HTML 页面的 HEAD 部分
file	上传文件元素
form	表单
hidden	hidden 类型的用户输入元素
password	密码输入框
radio	单选框
reset	重置
select	下拉列表框
submit	提交

续表

常用 UI 标签	作用
textarea	文本区域
textfield	单行文本输入框
token	防止多次提交表单
updownselect	支持选项上下移动的下拉列表框
fielderror	输出异常提示信息

Struts 2 标签应用可以通过注册页面的设计来进行说明，注册页面主要代码如下所示（register.jsp）：

```
<%@ page language="java" contentType="text/html; charset=UTF-8" %>
<%@ taglib prefix="s" uri="/struts-tags" %>
<html>
<head><title>注册</title><s:head/></head>
<body>
    <h3>注册</h3>
    <s:form action="register">
        <s:textfield name="userBean.userName" label="用户名" />
        <s:password name="userBean.password" label="密码" />
        <s:radio name="userBean.gender" label="性别" value="男" list="{'男','女'}" />
        <s:textfield name="userBean.email" label="Email" />
        <s:textfield name="userBean.age" value="0" label="年龄" />
        <s:submit value="提交" />
        <s:reset value="取消" />
    </s:form>
</body>
</html>
```

其中，<%@ taglib prefix="s" uri="/struts-tags" %>为导入标签指令，<s:head/>用于指定页面中 head 的输出。其余的则为表单标签，运行效果如图 12.6 所示。

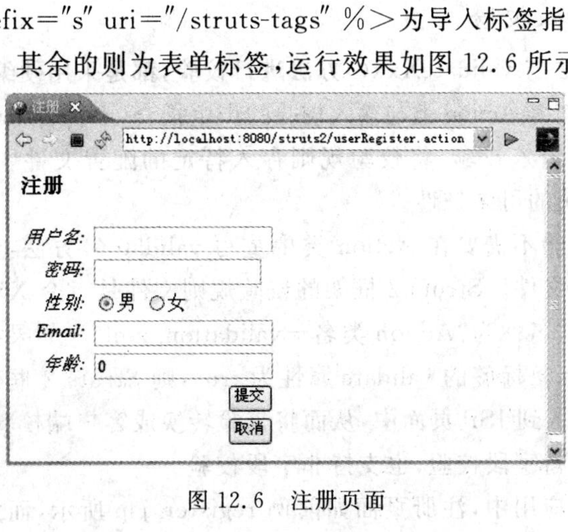

图 12.6 注册页面

12.3.4　Struts 2 输入校验

在 Web 开发中最常见的问题之一就是输入校验。输入校验对于系统的稳定性和安全性至关重要。输入校验常常与类型转换相结合，它们都是对用户的输入数据进行规范化检查及处理。Struts 2 框架为输入校验及类型转换都提供了良好的支持。

输入校验一般可分为两类：客户端校验和服务器端校验。客户端校验大多采用诸如 JavaScript 等脚本语言来实现，由于这种校验在客户端进行，大都只是初步的检查和过滤，无须与服务器进行交互，因此，尽管检验简单，但速度快，交互性好。服务器端校验则是利用服务器端应用程序(如 Servlet)对用户的请求参数进行判断和检查。服务器端校验实现复杂，增加了 Web 服务器的负担。

Struts 2 框架为输入校验提供了良好的支持，它即可以通过编码的方式来进行输入校验，也可以通过配置文件的方式来进行输入校验。

1. 编码校验

Struts 2 框架提供了开发 Action 的工具类 ActionSupport。在 ActionSupport 类定义中提供了用于数据校验的 validate()方法，用户只要在自己定义的 Action 类中重写该方法，加入数据校验代码即可。如果不能通过校验判断，则可使用 addFieldError()方法将数据校验的异常信息加入到 ActionContext 中，Struts 2 框架会自动将异常信息显示到相应的输入位置上，并自动提醒用户重新输入。当然，用户也可以通过 Struts 2 非表单标签＜fielderror＞来输出 ActionContext 中所有的异常信息。编码校验的示例见前面提到的注册 Action 示例中。

由于 Struts 2 框架中，Action 类中可以实现动态方法调用，即每个处理逻辑对应一个方法，当用户调用不同的方法时，如何根据不同的处理方法调用相应的输入校验呢？为此 Struts 2 框架提供了 validateXxx()方法来对不同的数据处理方法进行输入校验。如要对用户注册方法 regist()进行校验，可使用 validateRegist()方法处理输入校验。值得注意的是，validate()方法会对 Action 类中的所有方法进行校验，因此，如果实现了 validateXxx()方法，最好删除 validate()方法以避免重复校验。

2. 基于框架的输入校验

由于 validate()方法与 validateXxx()方法进行校验，都是采用硬编码方式，将校验逻辑嵌入到 Action 实现类中，使得 Action 类与输入校验的产生耦合，不符合 IoC 设计思想，故 Struts 2 提供了基于框架文件的输入校验，将校验规则存入特定的配置文件中，使得输入校验与 Action 类分离，提高了系统的可维护性。

基于框架的输入校验不需要在 Action 类中重写 validate()方法，但需要建立一个与 Action 类对应的校验规则文件。Struts 2 框架的校验规则文件是一个 XML 文件，保存在与 Action 类相同的文件夹中，名称为"Action 类名－validation.xml"。如果在视图文件中进行相应的设置，如指定＜s:form＞标签的 validate 属性为 true，则 Struts 2 框架会将字段检验规则转换为 JavaScript 脚本嵌入到 JSP 页面中，从而将校验转换成客户端校验。

校验规则文件既支持字段校验，也支持非字段校验。

在实现注册功能的应用中，注册页面如前例 register.jsp 所示，而定义的注册 Action 类，

并没有指定校验方法(Register.java):

```java
package register.action;
import register.dao.UserDAO;
import register.dao.UserDAOImpl;
import register.model.User;
import com.opensymphony.xwork2.ActionSupport;
public class Register extends ActionSupport{
    private static final long serialVersionUID = 1L;
    private User userBean;
    private UserDAO userDAO = new UserDAOImpl();
    public String execute()throws Exception{
        userBean.setRole("普通用户");
        userDAO.saveUser(userBean);
        return SUCCESS;
    }
    public User getUserBean(){
        return userBean;
    }
    public void setUserBean(User userBean){
        this.userBean = userBean;
    }
}
```

要完成校验,可以在与此类同一文件夹下指定校验规则文件(Register-validation.xml):

```xml
<?xml version="1.0" encoding="UTF-8"?>
<!DOCTYPE validators PUBLIC "-//OpenSymphony Group//XWork Validator 1.0.2//EN"
 "http://www.opensymphony.com/xwork/xwork-validator-1.0.2.dtd">
<validators>
    <field name="userBean.userName">
        <field-validator type="requiredstring">
            <message>用户名必填</message>
        </field-validator>
    </field>
    <field name="userBean.password">
        <field-validator type="requiredstring">
            <message>密码不能为空</message>
        </field-validator>
        <field-validator type="stringlength">
            <param name="minLength">2</param>
            <param name="maxLength">10</param>
            <message>密码长度必须在${minLength}和${maxLength}之间</message>
```

```
                </field-validator>
            </field>
            <field name="userBean.age">
                <field-validator type="int">
                    <param name="min">1</param>
                    <param name="max">100</param>
                    <message>年龄必须在${min}和${max}之间</message>
                </field-validator>
            </field>
        </validators>
```

这样可以实现框架校验。基于框架的校验运行效果如图12.7所示。

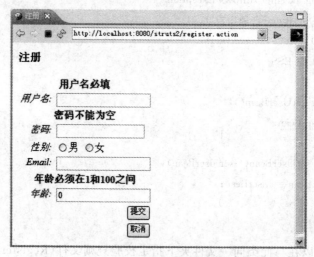

图 12.7 注册校验

当然，Struts 2 框架还支持 AJAX 输入校验和复合类型属性的输入校验，并提供了大量的内建校验器来为用户提供常用的输入校验功能。Struts 2 框架内建的校验器如表12.3所示。

表 12.3 Struts 2 框架内置校验器

校验器类型	作用
conversion 类型转换校验器	检验是否存在转换异常
date 日期校验器	检验日期是否在指定的范围内
double 浮点数值校验器	检验数值是否在指定区间
email 邮件地址校验器	检验是否为合法的邮件地址
expression 表达式校验器	检验表达式的值是否为 true
fieldexpresion 字段表达式校验器	检验字段是否满足逻辑表达式
int 整数校验器	检验整数是否在指定区间
regex 正则表达式校验器	检验是否匹配正则表达式
required 必填校验器	检验是否为空

校验器类型	作用
requiredstring 必填字符串校验器	检验字段是否非空
stringlength 字符串长度校验器	检验字符串长度是否在指定范围内
url 网址校验器	检验 URL 是否合法
vistor 校验器	检验 Action 类定义的复合类型属性

12.4　Struts 2 应用

本节以利用 Struts 2 来重新实现上一章的用户登录系统来说明 Struts 2 的应用。由于 Struts 2 对中文支持较好,因此,公共模块并不需要。此外为了进一步说明 Struts 2 应用,系统再添加一个用户管理模块。用户管理模块属于管理员功能模块,能显示所有用户,并能对用户信息进行修改、删除。而由于系统的分析在上一章已经阐述,在此不再赘述。

重新实现的用户登录系统采用 Struts 2 作为 MVC 实现框架。系统的模型使用 POJO 技术实现,视图层则利用 JSP 技术来完成,由 Struts 2 来实现整个系统的流程控制。

利用 Struts2 开发应用的一般步骤可分为:

(1)创建存放信息的类(Model)。

(2)创建显示信息的服务器页面(View)。

(3)创建 Action 类来控制用户、Model 及 View 之间的交互(Controller)。

(4)创建耦合 Action 与 View 的映射(struts.xml)。

由于业务逻辑(Model)也是由 JavaBean 实现,因此,业务逻辑复用上一章的模型用户实体 User,并在用户操作接口 userDAO 增加一个检索所有用户的方法即可。修改后 userDAO 的主要代码如下(userDAO.java):

```
import java.util.List;
import register.model.User;
public interface UserDAO {
    public void saveUser(User user);
    public void updateUser(User user);
    public List<User> listUser(); // 增加方法,查找所有用户,放入 List<User>中
    public User[] listAllUser();
    public User listUserById(Long userId);
    public void deleteUser(Long userId);
    public String validate(String userName,String password);
}
```

而新增接口方法的实现主要代码为(userDAOImpl.java):

```java
public List<User> listUser(){
    List<User> users = new ArrayList<User>();
    Connection con = null;
    PreparedStatement stmt = null;
    ResultSet rs = null;
    User user;
    try {
        // Class.forName(dbClassName);
        con = getConnection();
        stmt = con.prepareStatement("select * from myuser");
        rs = stmt.executeQuery();
        while (rs.next()){
            user = new User();
            user.setId(rs.getLong(1));
            user.setUserName(rs.getString(2));
            user.setPassword(rs.getString(3));
            user.setGender(rs.getString(4));
            user.setRole(rs.getString(5));
            user.setEmail(rs.getString(6));
            user.setAge(rs.getInt(7));
            users.add(user);
        }
        rs.close();
        stmt.close();
        con.close();
    } catch (SQLException sqlex){
        sqlex.printStackTrace();
    }
    return users;
}
```

1. 视图的建立

视图采用了 Struts 2 的标签技术,以减少页面中的 Java 脚本。系统视图文件包含在发布目录下的 register 文件夹中。

注册模块的视图 register.jsp 前面已经说明,注册成功后转入注册成功提示页面(regsuccess.jsp),主要代码如下:

```
<%@ page language="java" contentType="text/html; charset=UTF-8" %>
```

```
<%@ taglib prefix="s" uri="/struts-tags" %>
<html>
<head><title>注册成功</title></head>
<body>
    <h3>谢谢</h3>
    <p>您的注册信息：<s:property value="userBean" /></p>
    <p><a href="<s:url action='index'/>">返回首页</a></p>
</body>
</html>
```

登录模块的视图 index.jsp 的主要代码如下：

```
<%@ page language="java" contentType="text/html; charset=UTF-8"%>
<%@ taglib uri="/struts-tags" prefix="s"%>
<html>
<head><title>首页</title><s:head /></head>
<body>
    <h3>欢迎</h3>
    <s:form action="login">
        <s:textfield name="userName" label="用户" />
        <s:password name="password" label="密码" />
        <s:submit value="登录" />
    </s:form>
    <a href="<s:url action='userRegister'/>">注册</a>
</body>
</html>
```

用户管理模块的视图 managePage.jsp 的主要代码如下：

```
<%@ page language="java" contentType="text/html; charset=UTF-8" %>
<%@ taglib uri="/struts-tags" prefix="s"%>
<html><head>
<title>管理员主页</title>
<style type="text/css">@import url(style.css);</style><s:head />
</head>
<body>
    <h2>管理员</h2>
    <s:if test="userList.size()>0">
      <div class="content">
        <table class="userTable" cellpadding="5px">
          <tr class="even">
            <th>姓名</th><th>密码</th><th>性别</th><th>角色</th>
            <th>Email</th><th>年龄</th><th>编辑</th><th>删除</th>
```

```
            </tr>
            <s:iterator value="userList" status="userStatus">
              <tr class="<s:if test="#userStatus.odd == true">odd</s:if>
                        <s:else>even</s:else>">
                <td><s:property value="userName" /></td>
                <td><s:property value="password" /></td>
                <td><s:property value="gender" /></td>
                <td><s:property value="role" /></td>
                <td><s:property value="email" /></td>
                <td><s:property value="age" /></td>
                <td><s:url id="editURL" action="editUser">
                      <s:param name="id" value="%{id}"></s:param>
                    </s:url>
                    <s:a href="%{editURL}">Edit</s:a></td>
                <td><s:url id="deleteURL" action="deleteUser">
                      <s:param name="id" value="%{id}"></s:param>
                    </s:url>
                    <s:a href="%{deleteURL}">Delete</s:a></td>
              </tr>
            </s:iterator>
          </table>
        </div>
      </s:if>
      <s:form action="updateUser">
        <s:push value="user">
          <s:hidden name="user.id" />
          <s:textfield name="user.userName" label="用户名" />
          <s:textfield name="user.password" label="密码" />
          <s:radio name="user.gender" label="性别" list="{'男','女'}" />
          <s:select name="user.role" list="{'普通用户','管理员'}" label="角色" />
          <s:textfield name="user.email" label="Email" />
          <s:textfield name="user.age" label="年龄" />
          <s:submit value="修改" />
        </s:push>
      </s:form>
    </body>
</html>
```

从视图文件的内容来看，利用 Struts 2 标签来实现的视图，简洁直观，简化了 JSP 的开发。

2. 业务控制器的建立

业务控制器由 Action 实现，由于 Action 与 Servlet API 解耦，开发及调试都相当容易。

本系统中，注册模块的业务控制器控制用户注册流程，其实现类 Register.java 及框架校验方式在上一节已经说明。同理，处理登录模块的业务控制器实现类 Login.java 与用户管理模块的业务控制器实现类 UserAction.java 都已说明。

各控制器定义及与视图之间的映射关系在 struts.xml 文件中定义，struts.xml 的主要代码如下：

```xml
<?xml version="1.0" encoding="UTF-8"?>
<struts>
  <package name="basicstruts2" extends="struts-default">
    <action name="index">
      <result>/register/index.jsp</result>
    </action>
    <action name="userRegister">
      <result>/register/register.jsp</result>
    </action>
    <action name="login" class="register.action.Login">
      <result name="userPage">/register/userPage.jsp</result>
      <result name="managePage" type="redirect">listUser</result>
      <result name="input">/register/index.jsp</result>
    </action>
    <action name="register" class="register.action.Register">
      <result name="success">/register/regsuccess.jsp</result>
      <result name="input">/register/register.jsp</result>
    </action>
    <action name="listUser" method="list" class="register.action.UserAction">
      <result name="success">/register/managePage.jsp</result>
    </action>
    <action name="deleteUser" method="delete" class="register.action.UserAction">
      <result name="success" type="redirect">listUser</result>
    </action>
    <action name="editUser" method="edit" class="register.action.UserAction">
      <result name="success">/register/managePage.jsp</result>
    </action>
    <action name="updateUser" method="update" class="register.action.UserAction">
      <result name="success" type="redirect">listUser</result>
    </action>
  </package>
</struts>
```

至此，整个系统开发完毕。运行结果如图 12.8 所示。

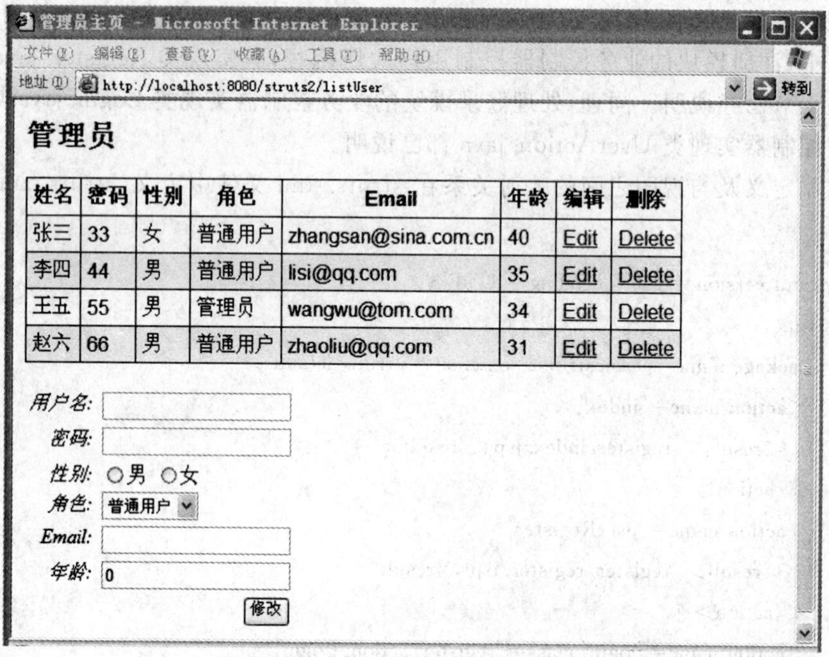

图 12.8　管理员页面

与前一章利用 Model 2 开发过程相比，利用 Struts 2 框架构建 Web 应用，设计更为简单，业务控制器采用 Action 比 Servlet 更易开发与测试，流程控制通过配置完成，更为便捷直观，而丰富的标签库与校验功能的提供，使得开发者工作更为轻松。当然，Struts 2 功能强大，本章仅对 Struts 2 中的基础知识进行了阐述，要想了解更多关于 Struts 2 框架的内容，则需要进一步的学习。